伽利略

「腦」是什麼？

人腦是龐大的網路系統

由1000億個細胞負責溝通訊息

腦在生活中的每個環節都扮演重要的角色。幫助我們處理各種複雜事務的「腦」，究竟是如何組成的呢？

我們所處的銀河系有超過1000億顆閃耀的恆星。試著想像這些恆星之間存在互相通訊的線路，會用非常快的速度，頻繁地傳遞訊息。這些通訊線路組成的網路，迅速處理大量資訊，使1000億顆以上的恆星合為一體。

這聽起來是個難以想像的浩瀚世界。不過，人類的腦內就有類似的結構。腦內聚集1000億個「神經細胞」（神經元，neuron）的特殊細胞來傳遞電訊號，形成了天文學規模的資訊社會。

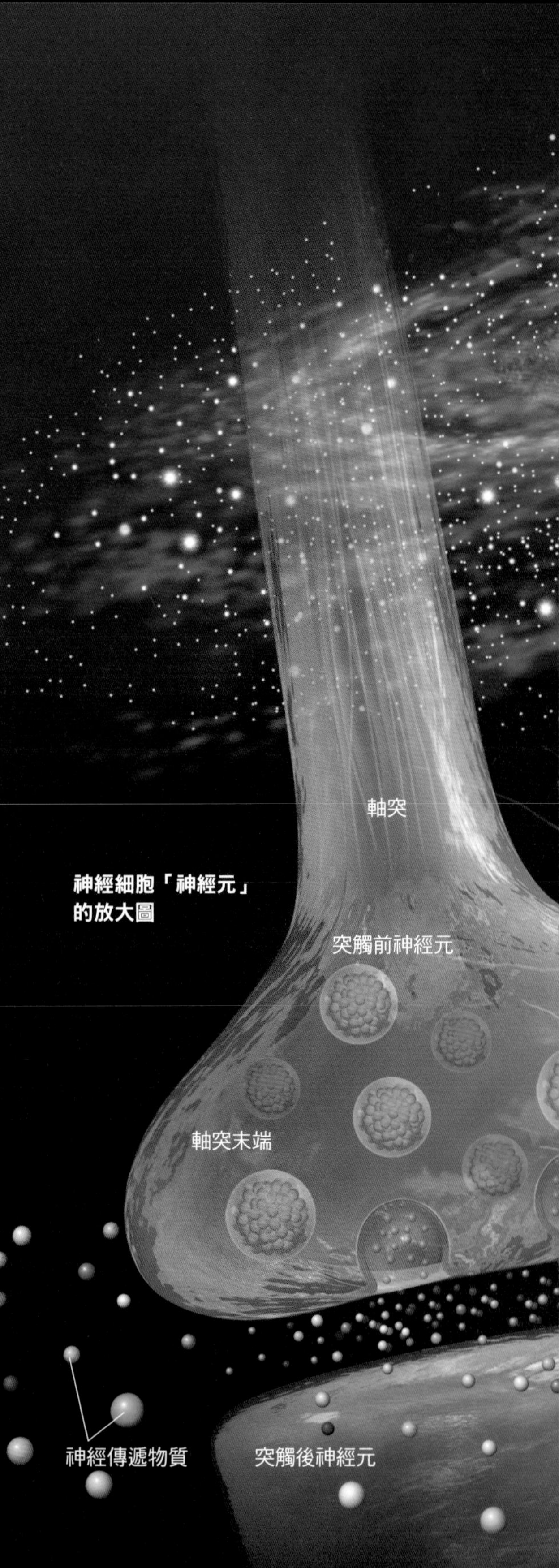

神經細胞「神經元」的放大圖

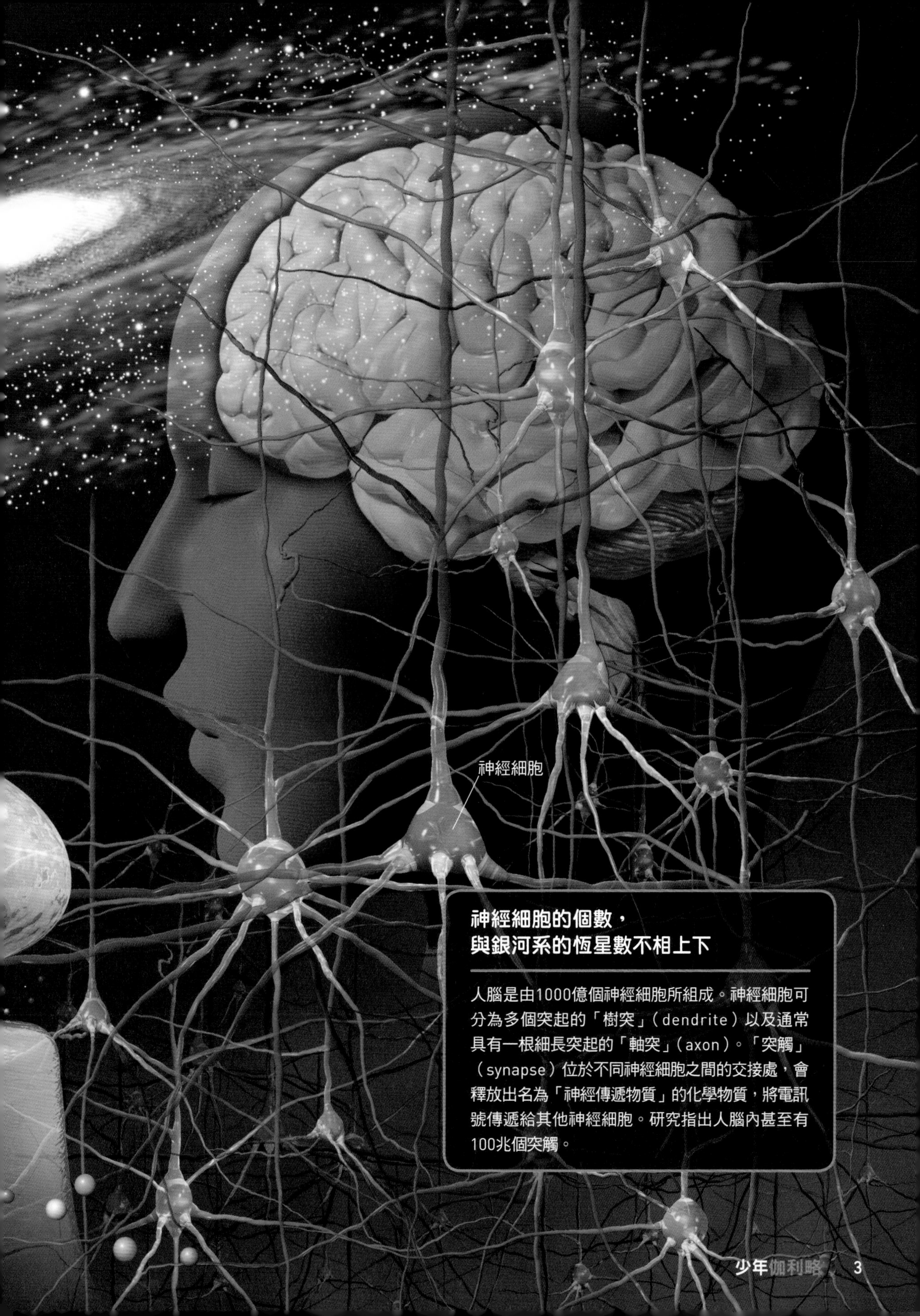

神經細胞的個數，與銀河系的恆星數不相上下

人腦是由1000億個神經細胞所組成。神經細胞可分為多個突起的「樹突」（dendrite）以及通常具有一根細長突起的「軸突」（axon）。「突觸」（synapse）位於不同神經細胞之間的交接處，會釋放出名為「神經傳遞物質」的化學物質，將電訊號傳遞給其他神經細胞。研究指出人腦內甚至有100兆個突觸。

「腦」是什麼？

從前方來看腦的結構

大腦皮質覆蓋了整個腦部

人腦的重量，以成人而言大約為1200～1500公克。腦的表面布滿著「皺褶」，這些皺褶稱為「大腦皮質」（cerebral cortex）。皺褶分布並非完全隨機，大型皺褶（腦溝）的位置大致是固定的。以這些大型皺褶為界，可將腦分成額葉、頂葉、顳葉、枕葉等區域。

從前方來看的話，腦基本上是個左右對稱的結構。覆蓋在表面的「大腦皮質」顏色較深，這裡是神經細胞「本體」（細胞體）的聚集處。腦的內部則是顏色較淡、偏白的「大腦白質」。其內有許多「纜線」（神經細胞的軸突）將大腦左右半球的神經細胞連接在一起，並且也將大腦深處中央部位與表面皮質的神經細胞連接在一起。

另外，腦內某些特定區域聚集了許多神經細胞，在腦內呈左右對稱分布，稱為「大腦基底核」，會影響快樂等情感之運作。

腦的表面

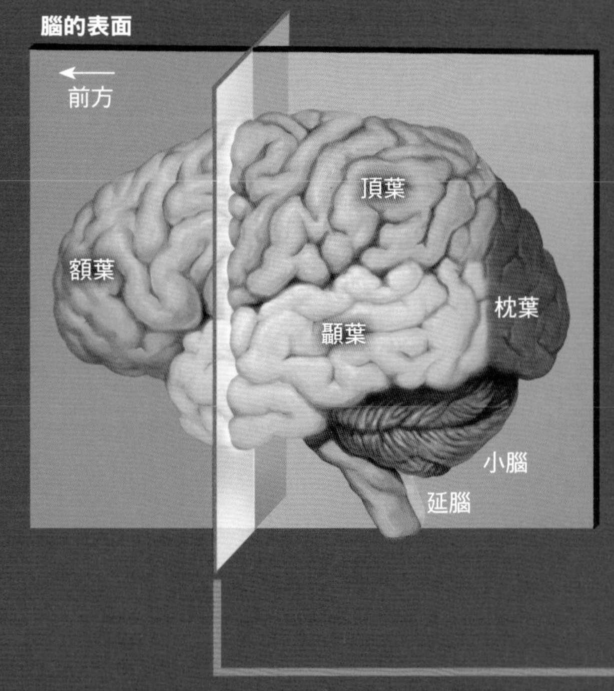

右頁插圖是沿此線切開得到的剖面圖。

腦的前方部分剖面圖

腦的表面（大腦皮質）是許多神經細胞的細胞體聚集的地方，腦的內部（大腦白質）則遍布許多神經細胞的軸突。

由插圖可以看出，腦的內部也有「尾狀核」與「殼核」等顏色比大腦皮質深、聚集許多神經細胞的區域，且呈左右對稱分布（大腦基底核）。

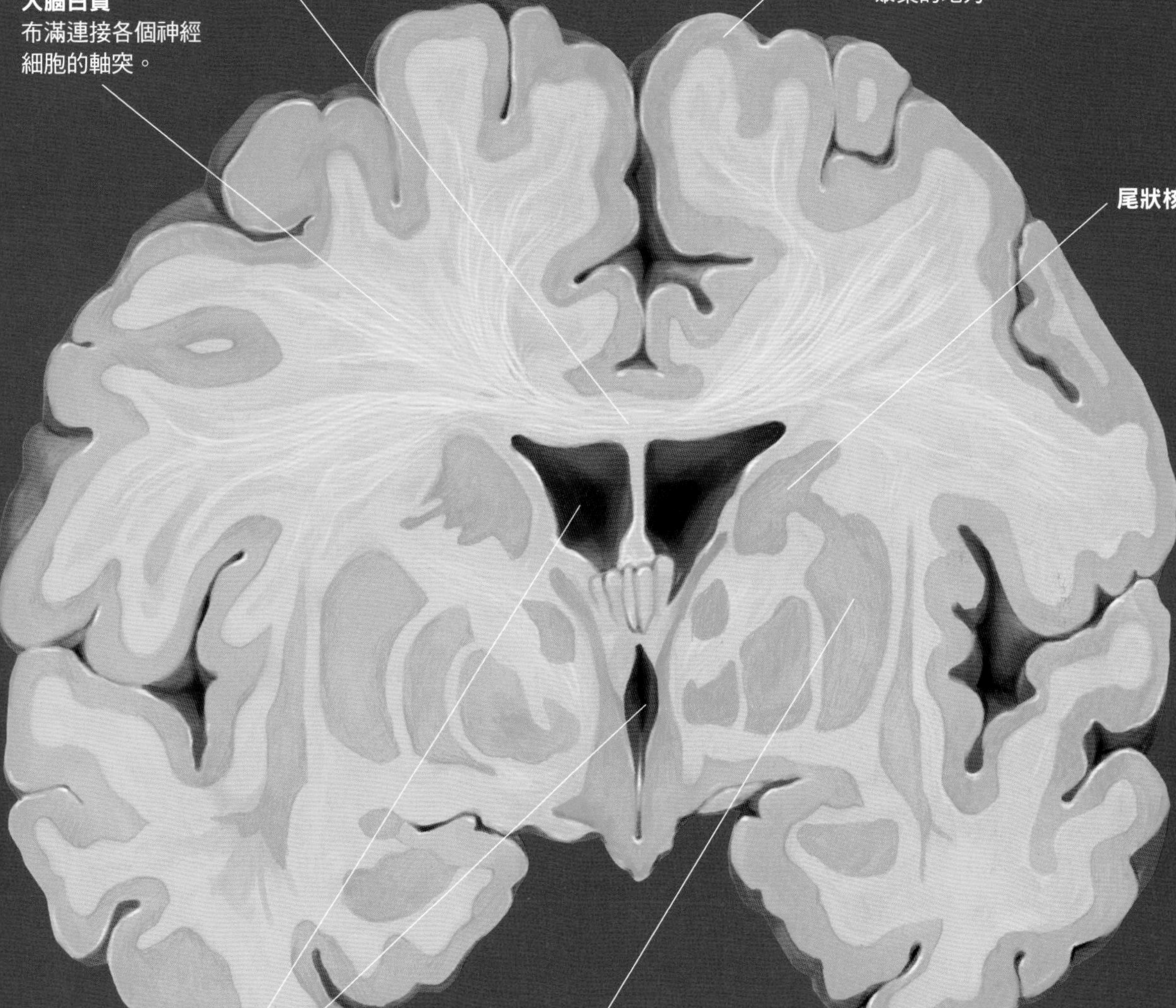

胼胝體
連接左右大腦半球的結構，有許多軸突經過。

大腦皮質
覆蓋了整個大腦表面，厚度約為2～4毫米，是許多神經細胞聚集的地方。

大腦白質
布滿連接各個神經細胞的軸突。

尾狀核

右大腦半球

左大腦半球

殼核
尾狀核與殼核聚集了許多神經細胞，呈左右對稱分布。與人的需求得到滿足時，可讓人產生快感的功能有關。

腦室
充滿了腦脊髓液的空間。

「腦」是什麼？

從側面來看腦的結構

腦的中央部位有視丘和胼胝體

沿著左右半腦的界線切開，得到的剖面圖如右所示。「間腦」（diencephalon）位於腦深處中央部位，被大腦包覆著，其中心部位為「視丘」（thalamus）。視丘匯集嗅覺之外的各種感覺訊號後，會再把匯集的感覺訊號傳到大腦。

視丘下方有「橋腦」、「延腦」等結構，在這些地方調整呼吸與心臟的節奏。

另一邊，視丘的右下方是「小腦」，表面有比大腦皮質更細緻的皺褶。小腦可以調節眼球、手腳的動作、姿勢。

如果把腦比喻成一棵樹，間腦、橋腦、延腦就像是「樹幹」，所以三者也合稱「腦幹」。延腦末端與「脊髓」相連，脊髓是沿著脊柱延伸的神經束。

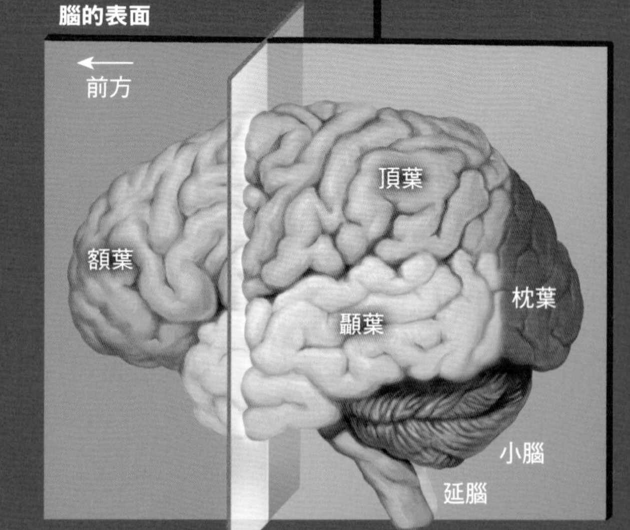

腦的側剖面

大腦所包覆的中央部位，有以「視丘」為中心的「間腦」，與間腦下方的「橋腦」、「延腦」，右下方還有「小腦」。延腦的末端與「脊髓」相連。

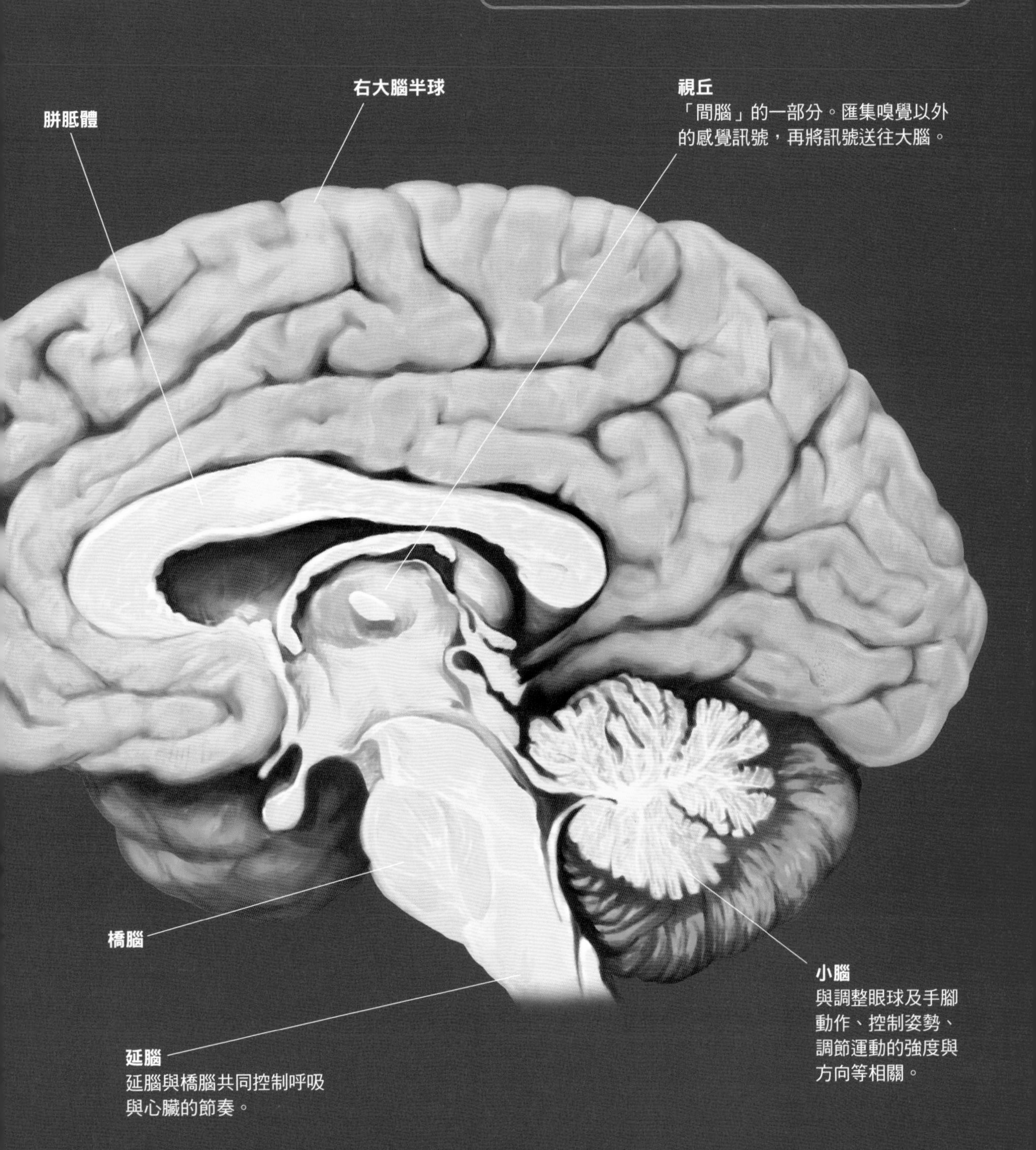

「腦」是什麼？

神經細胞是腦部活動的主角

神經細胞相互連接，並藉此傳送訊號

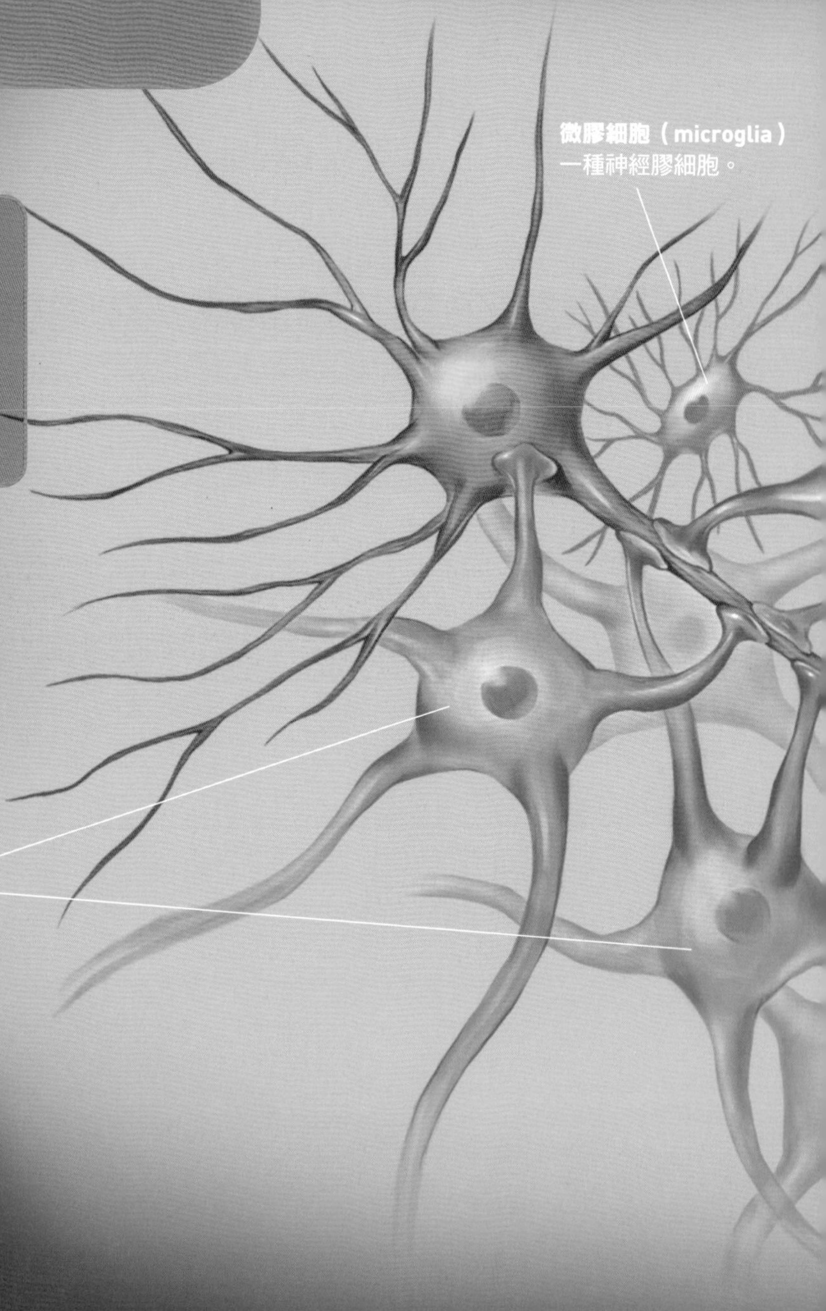

構成腦的細胞

除此之外還有「寡樹突細胞」、「許旺細胞」等神經膠細胞，不過這裡沒有畫出來。就細胞數量而言，神經膠細胞的數目遠比神經細胞還要多5～10倍。

微膠細胞（microglia）
一種神經膠細胞。

星狀細胞（astroglia）
一種神經膠細胞。

腦是由「神經細胞」（神經元）及「神經膠細胞」（glia cell）所構成，神經細胞是腦部活動的主角。神經膠細胞分布在神經細胞周圍，輔助神經細胞活動，不但為其提供營養，也能移除受損的神經細胞。

腦內的神經細胞會像「牽手」般伸出許多「手」連接其他神經細胞，藉此傳送訊號。神經細胞的連接相當複雜，能連接上數萬個神經細胞。

在同一個神經細胞內，訊號會以電訊號的形式傳送。不過，電訊號沒辦法直接從一個神經細胞傳到另一個神經細胞。這是因為兩個神經細胞以「突觸」相連，而突觸前後的兩個神經細胞間，有一定的「間隙」，電訊號沒辦法直接穿過這個空隙。

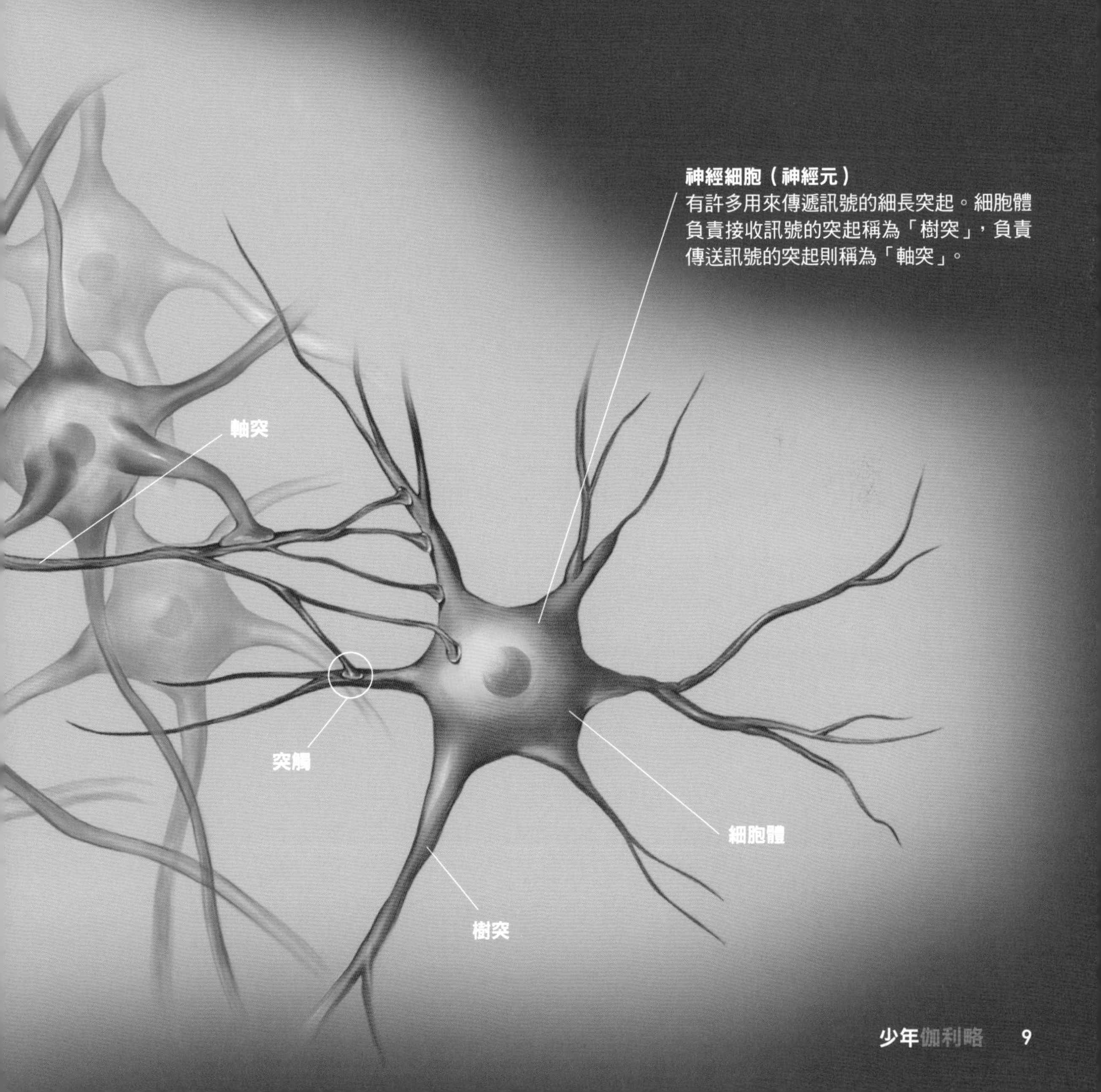

神經細胞是如何傳遞訊號？

電訊號會轉換成化學訊號

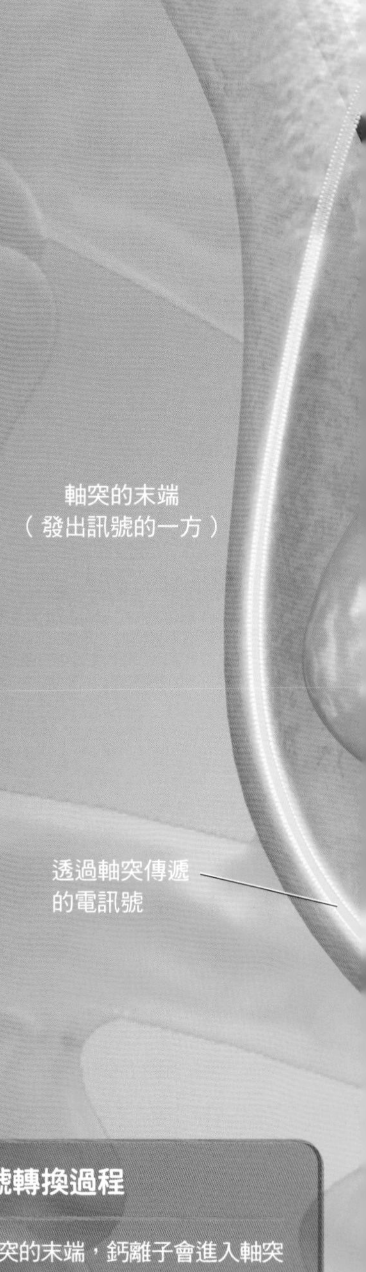

神經細胞的軸突傳來的電訊號，會經由突觸傳給下一個神經細胞的樹突。

如前頁所述，神經細胞間在結構上並未相連。神經細胞之間，存在著稱為「突觸間隙」（synaptic gap）的小空隙。

電訊號無法直接越過突觸間隙，所以當電訊號抵達軸突的末端，神經細胞會將內含化學物質「神經傳遞物質」的突觸小泡運送往軸突末端的表面，將神經傳遞物質釋放到突觸間隙。被釋放出來的神經傳遞物質，會與下一個神經細胞樹突上的「受器」結合，並傳遞訊號。

神經細胞與神經細胞間的訊號傳遞，就是以「電訊號→化學訊號→電訊號」這樣的形式傳送。

軸突的末端
（發出訊號的一方）

透過軸突傳遞
的電訊號

突觸中的訊號轉換過程

當電訊號抵達軸突的末端，鈣離子會進入軸突末端（1）。接著，「突觸小泡」往軸突末端的表面移動，將神經傳遞物質釋放到突觸間隙（2）。於是，電訊號轉換成了化學訊號。樹突上的「受器」與神經傳遞物質結合後，會在受器的細胞膜上打開孔洞（3），外面的鈉離子流入，再次產生電訊號（4）。

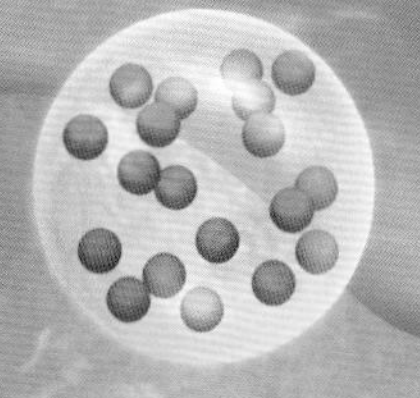

粒線體
突觸小泡
3 受器與神經傳遞物質結合後，會在細胞膜上打開孔洞。
2 突觸小泡往軸突末端的表面移動，將神經傳遞物質釋放到突觸間隙。
4 細胞外的鈉離子流進細胞內。進入細胞的鈉離子，會再次產生電訊號。
鈣離子
1 鈣離子通道感受到電訊號時，會開放通道使鈣離子進入細胞。
樹突的一部分
（接收訊號的一方）

Column

Coffee Break

請留意腦的「神話」！

不少人都聽過「男女的腦部在不同領域各有所長」、「右腦型人類比較重藝術，左腦型人類比較重邏輯」之類的說法吧？這些與腦有關的無稽之談，又稱為「神經神話」。

「人只用到整個腦的10%」也是這類謠言之一。根據專家的說法，確實腦內並不是全部的細胞都在隨時在活躍使用中。但是活動中的神經細胞並非10%，這個數字根本沒有根據。而且，腦內的神經細胞為了將訊號傳給其他細胞，必定會與某處的神經細胞相連，所有的神經細胞其實都會用到。

「大腦皮質」內多個區域的神經細胞，在身體安靜時反而會更為活躍。大腦皮質覆蓋著整個腦部，表面布滿皺紋，與許多只有人類做得到的複雜功能有關。腦的運作機制並不是一次動到越多神經細胞，就越能夠發揮出能力，而是只有在必要時才讓必要的神經細胞活動。

「神經神話」的例子

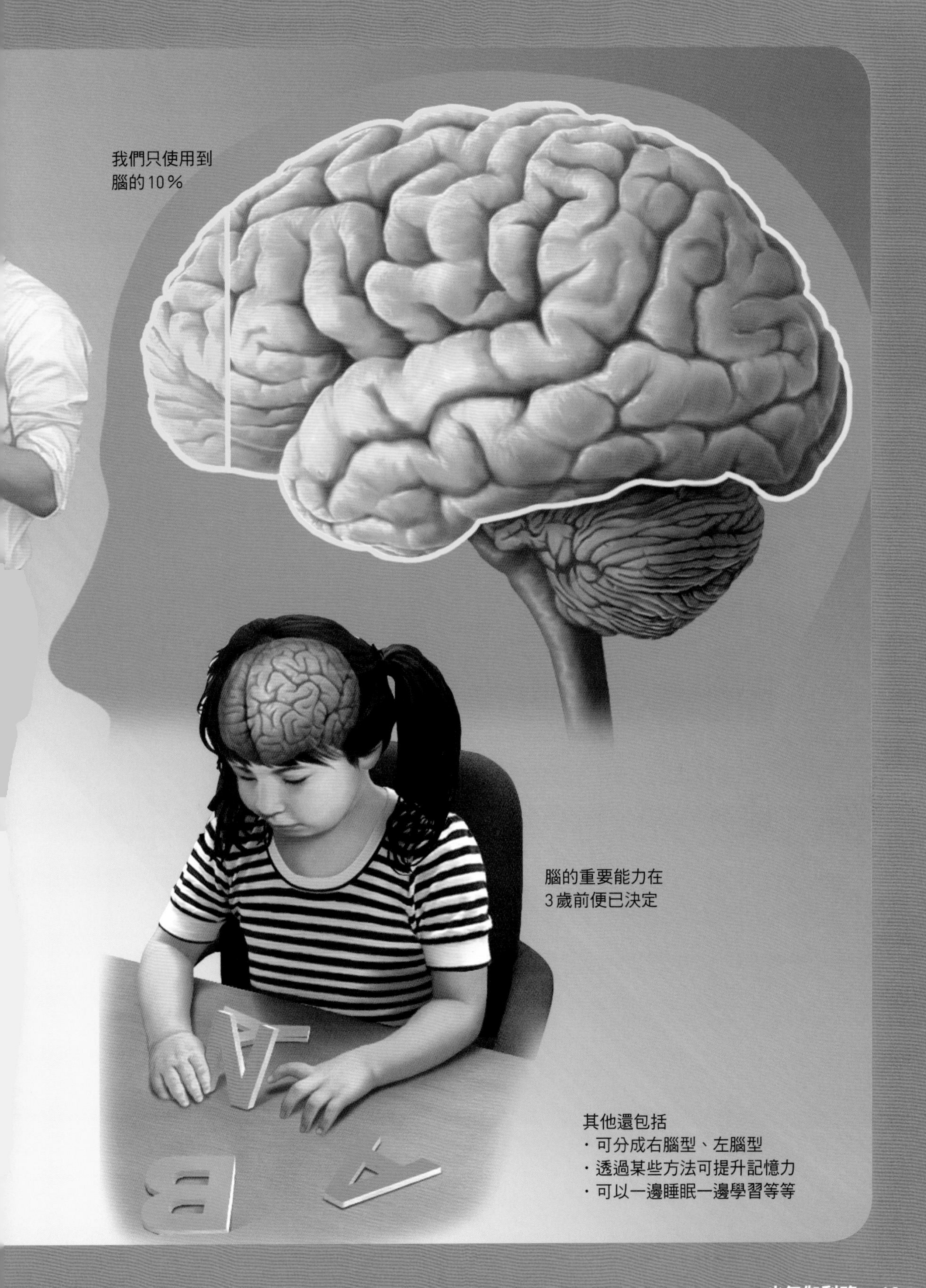
我們只使用到
腦的10％
腦的重要能力在
3歲前便已決定
其他還包括
・可分成右腦型、左腦型
・透過某些方法可提升記憶力
・可以一邊睡眠一邊學習等等

腦的發育機制

突觸的數量在 1～3歲達到高峰

大量的突觸會隨著年齡漸長而減少

胎兒的腦，在受精後 5 個月左右就開始形成皺褶，並於受精後 9 個月就已經發育成我們所知的「人腦」形狀。

隨著腦的發育，各種「功能」也陸續發展出來，耳朵、眼睛的功能也開始成熟。待出生接觸到外面的世界後，腦部仍會持續發育，最終發育成熟。

腦的神經細胞會以網路（神經迴

人腦的成長曲線

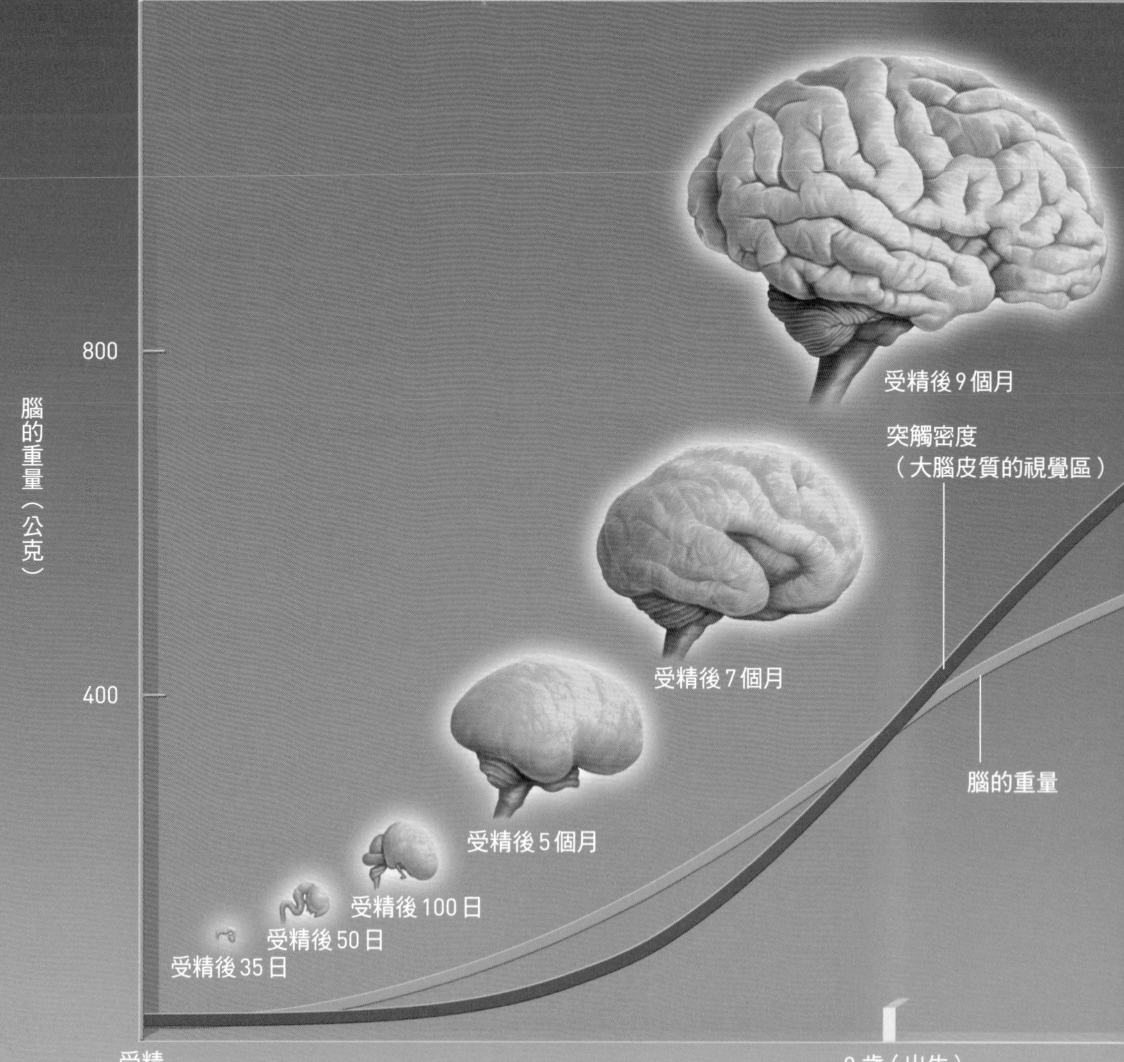

路）的形式活動，藉此發揮腦的功能，並使腦的結構越來越複雜。不過，腦的發育還不只如此。

神經細胞的的連接處──「突觸」的數量，在1～3歲前後會急遽增加，過了3歲之後又會慢慢減少。

最近的研究證實，突觸總量逐漸減少，是因為在這個階段，腦會陸續消除「生產過剩」的突觸，也就是說，幼兒期間的神經細胞會一口氣伸出大量的「手」，與其他神經細胞相連，之後再將沒有必要繼續連接的部分放開。與「必要時再增加連接處」相比，這種「先連接多個細胞再減少連接處」的方式，似乎比較能應對周圍狀況變化。

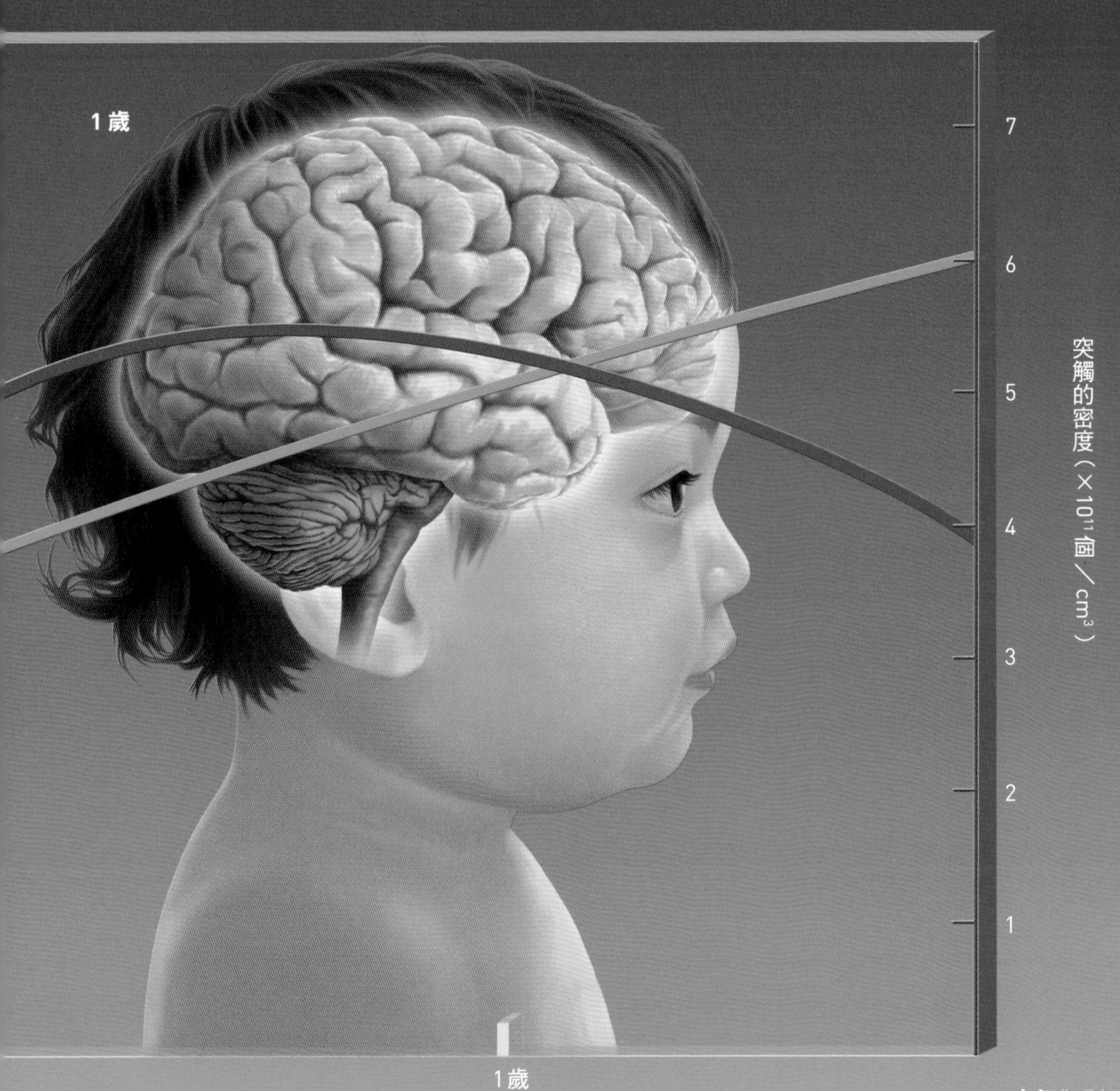

腦的發育機制

嬰幼兒無法做出複雜的動作

神經迴路會隨著成長而逐漸減少

如前頁所述，神經細胞一開始會「伸出許多手，連接其他神經細胞」。嬰幼兒的手指之所以沒辦法做出細膩的動作，就是因為操控手指運動的神經細胞所構成的網路（神經迴路）過於龐大，遠超過必要的數量，因而無法適當地做出動作（左頁插圖）。

不過隨著腦部的發育，會逐漸捨去不必要的突觸，只留下必要的迴路，

未成熟的神經迴路

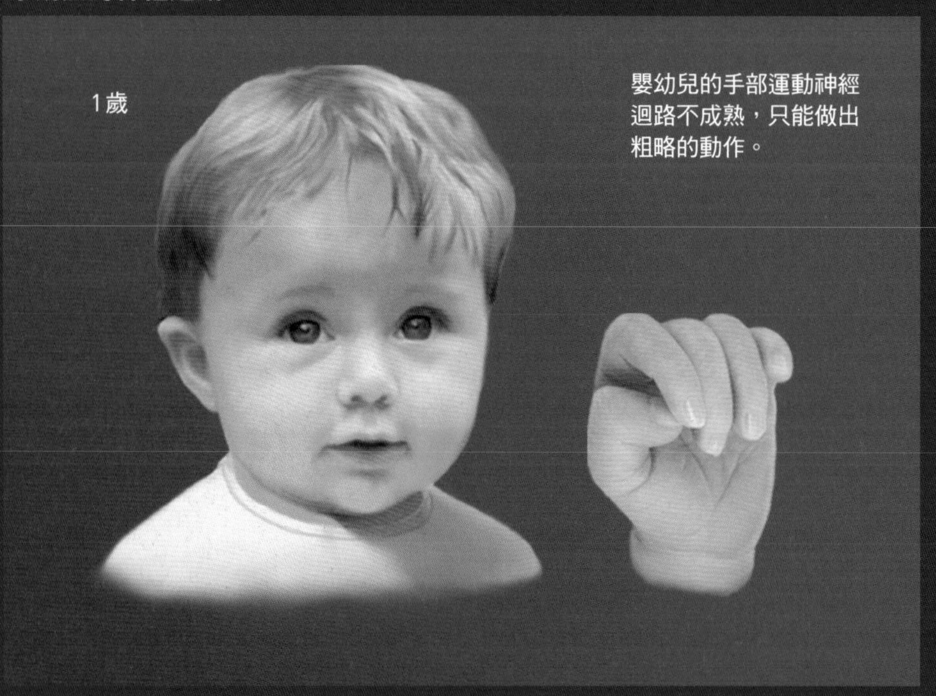

嬰幼兒的手部運動神經迴路不成熟，只能做出粗略的動作。

許多神經細胞彼此相連，一個輸入訊號會產生過多的輸出訊號。

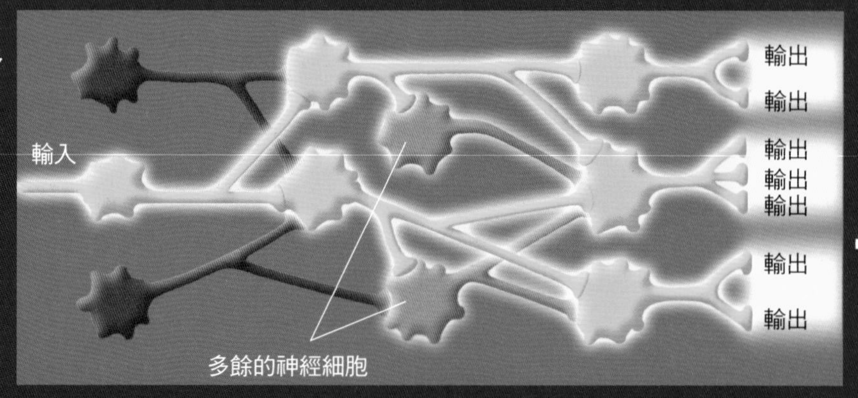

所以嬰幼兒才能開始做出細膩的動作（右頁插圖）。

迴路重組可提升腦部功能

未成熟的迴路（左）轉變（重組）為成熟迴路（右）的示意圖。光暈表示接受到神經傳遞物質而「興奮」的神經細胞。

成熟的神經迴路

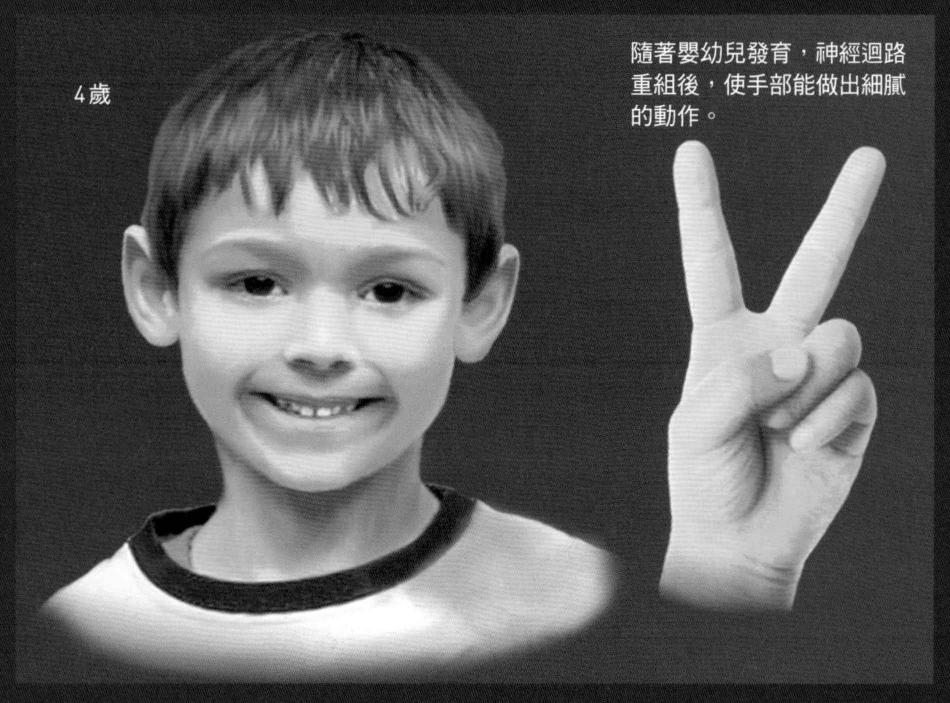

多餘的迴路停止作用，此時一個輸入訊號只會產生必要的輸出訊號。

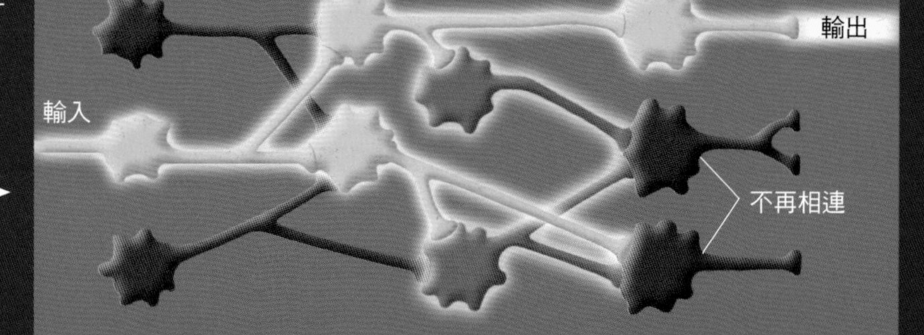

迴路的轉變（重組）

腦的發育機制

隨著成長而變化的神經傳遞物質

神經細胞不只會改變連接方式，連性質也會變化

在成長期的腦中，神經細胞不只會改變連接方式（1），神經細胞本身的性質也會變化。

具體來說，神經細胞會出現兩種變化。一種是改變對神經傳遞物質的反應（2）。「GABA」（γ-胺基丁酸）是一種神經傳遞物質，在幼兒發育早期，某些神經細胞接受到GABA時會產生電訊號（稱作「興奮」）。但隨著幼兒的成長，這些神經細胞在接受到GABA時，卻會開始阻止電訊號的產生（稱作「抑制」）。成長前後的神經細胞會做出完全相反的反應。這種變化可以防止神經細胞過於興奮，導致訊號過度擴張。

另一種變化則是隨著個體的成長，腦使用的神經傳遞物質也會改變（3）。以反應時間較短的「甘胺酸」做為神經傳遞物質，可提升神經網路的訊號傳遞速度及精確度。

三種變化可使神經迴路重組

除了神經細胞連接方式（1）的改變外，神經細胞對特定神經傳遞物質的反應（2），以及使用的神經傳遞物質（3）也會出現變化，使重組後的神經迴路更有效率。

2 對特定神經傳遞物質之反應的變化

負責將氯離子打出細胞的氯離子幫浦蛋白「KCC2」隨著個體的成長而增加，導致對GABA的反應從興奮變成抑制。

尚未成熟的神經細胞軸突

打出氯離子的幫浦

3 改變使用的神經傳遞物質

神經細胞在成熟的過程中，會將使用的神經傳遞物質從「GABA」轉變成「甘胺酸」（插圖下方）。

氯離子

GABA

突觸

受器

樹突

樹突

神經細胞

軸突

1 連接方式的改變

（詳見第16～17頁）

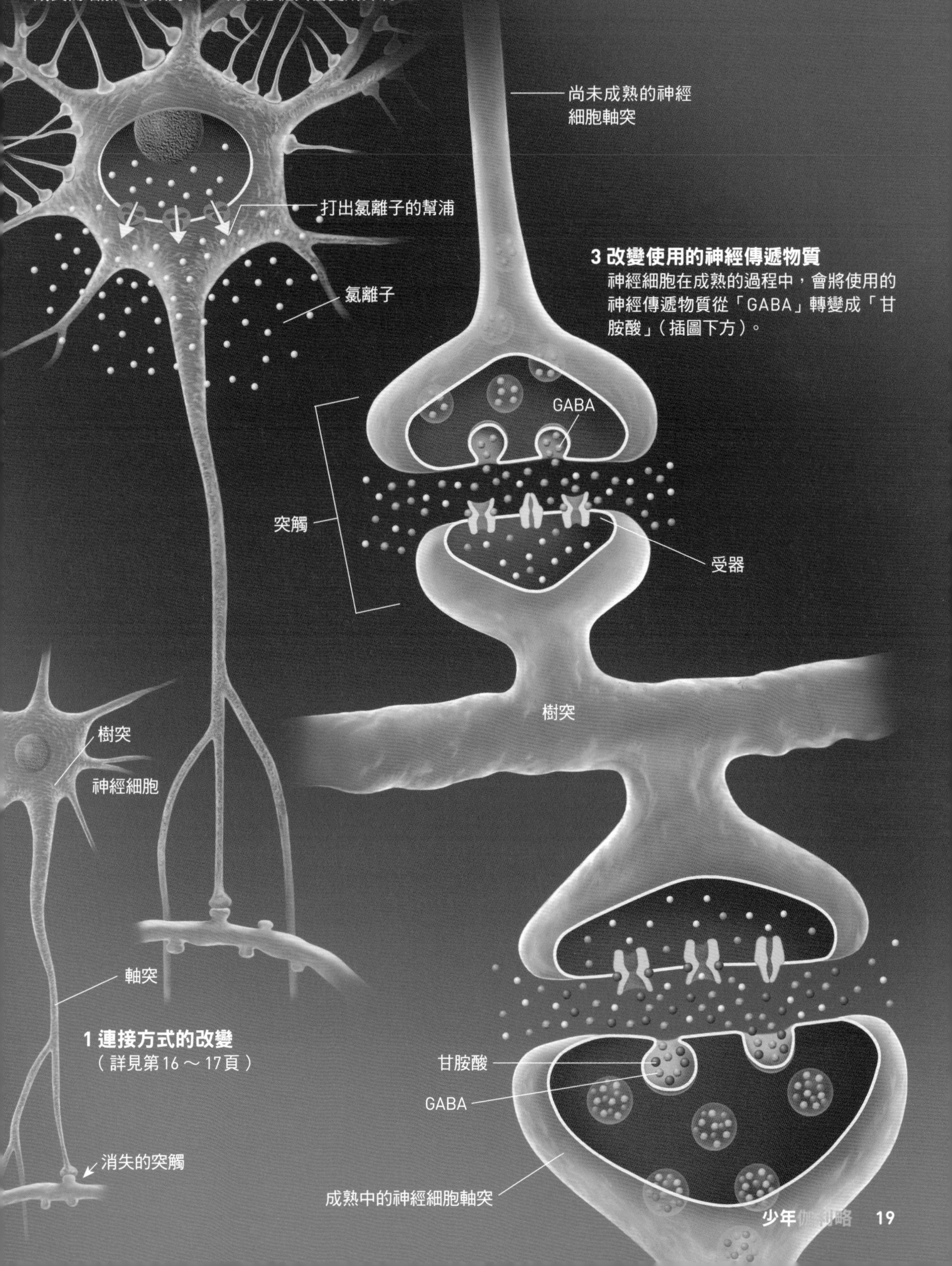

甘胺酸

GABA

消失的突觸

成熟中的神經細胞軸突

腦的發育機制

腦會自我診斷「損傷」

微膠細胞修復受損的腦

即便腦部受損造成運動功能的降低，經復健治療後也可恢復到一定的程度。這種情況和孩童的腦部發育及記憶新動作的過程相似，也與神經迴路重組的機制有許多共通點。

不過，修復過程與發育過程有個很大的不同。修復神經組織時，必須要找到功能受損的神經細胞。「微膠細胞」是一種腦內的神經膠細胞，常大量聚集在受損腦組織的周圍，一般認為微膠細胞與受損神經組織的修復有關，但目前還不曉得微膠細胞的實際運作機制。

不過，近年來已開發出一種特殊的顯微鏡，能夠捕捉到活體小鼠腦內的微膠細胞活動狀況。在觀察受損的神經細胞時，發現到微膠細胞會花1小時以上的時間仔細檢查突觸的狀況。

「檢診」中的微膠細胞

即使神經細胞沒有任何異常，微膠細胞也會定期進行突觸檢診。如果神經細胞受損，微膠細胞便會花更長的時間檢診。另外，有時候也會觀察到突觸在檢診後消失的案例。不過，微膠細胞會在檢診時具體確認什麼、如何除去不需要的突觸，這些問題至今都尚未獲得解答。

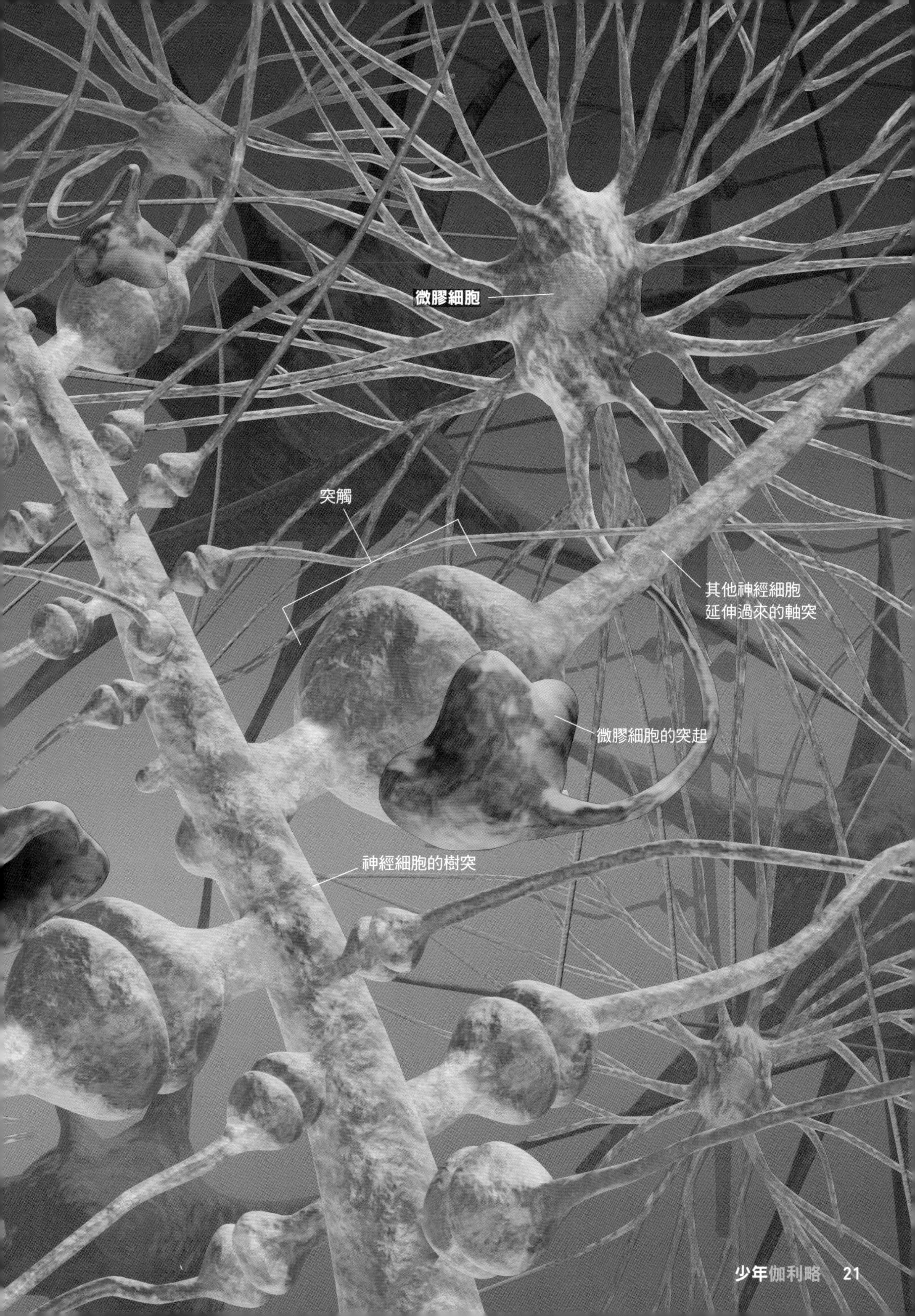
微膠細胞
突觸
其他神經細胞
延伸過來的軸突
微膠細胞的突起
神經細胞的樹突

記憶與學習的關係

突觸會依「記憶」而變化

藉由突觸擴大或縮小提升訊號傳遞的效率

一般認為腦中應該會留下某種「記憶的痕跡」。現在，認為這些痕跡是神經細胞網路（神經迴路）的變化。

這裡指的痕跡，就是連接點（突觸）擴大，提升訊號傳遞效率，或是改變連接方式等變化。這個過程中可能會形成新的突觸，也可能造成舊突觸縮小，甚至消失。

更重要的是，變化後的結果會維

記憶的種類

記憶的分類方式相當多。

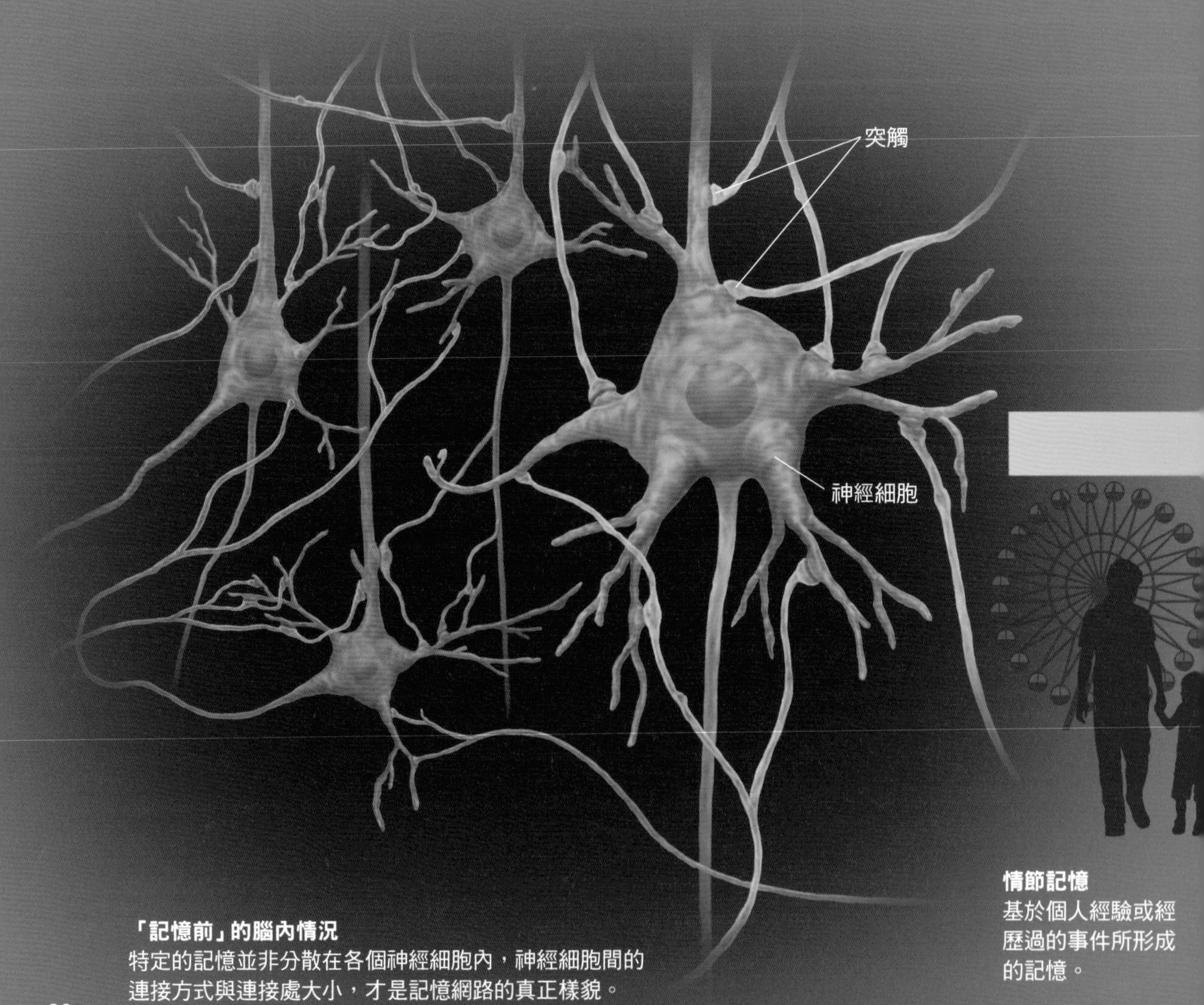

「記憶前」的腦內情況

特定的記憶並非分散在各個神經細胞內，神經細胞間的連接方式與連接處大小，才是記憶網路的真正樣貌。

情節記憶

基於個人經驗或經歷過的事件所形成的記憶。

持一段時間。既然迴路的變化不會立刻消失，就表示可以「回想起」曾經發生過的事情。

一般認為，記憶的種類不同的話，會使用到不同的腦部區域來保存。

「學習」也和記憶有密切的關係。學習可說是記住新的資訊或行動方式的過程。另外，依據經驗逐漸改變過去的行動方式或想法，也能稱為一種學習。與記憶相同，靠著神經細胞網路的變化實現學習這件事。

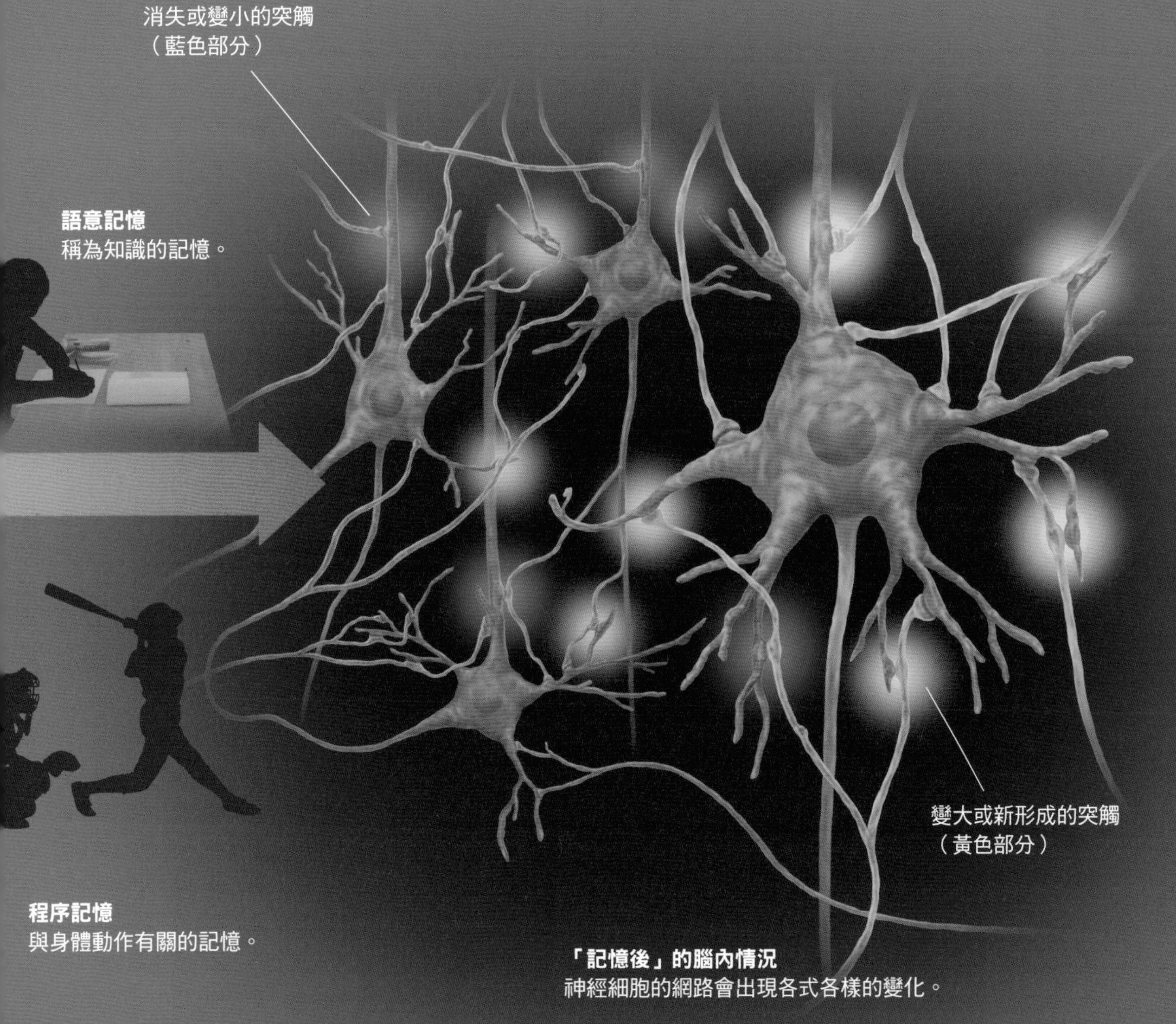

「記憶後」的腦內情況
神經細胞的網路會出現各式各樣的變化。

記憶與學習的關係

絕大多數的記憶保存在大腦皮質

資訊先集中在海馬迴，再送至大腦皮質

一般認為，我們的記憶保存在「大腦皮質」。新的記憶在大腦皮質內的形成過程如右方插圖所示。

形成記憶時，最重要的部位是腦內部的「海馬迴」（hippocampus，插圖中的紅色部分）。海馬迴和與其相連的「穹窿」（fornix，黃色部分），呈特殊的螺旋狀弧線。海馬迴可以蒐集視覺與嗅覺等感覺的資訊，並協助將記憶刻印在大腦皮質上。

讀取暫時性的記憶時，也會用到海馬迴，但之後就算沒有海馬迴的幫助，我們也可以從大腦皮質直接加以讀取。

另外，與身體動作，或是與無法以言語表示之概念有關的記憶，有一部分被認為保存在小腦。關於記憶的形成過程與儲存位置，至今仍有許多未解之謎。

與情節記憶密切相關的海馬迴

如果沒有海馬迴，就無法產生新的情節記憶。實際上發生過一個案例，在治療癲癇時取出了患者的海馬迴，但手術後患者卻無法記住新的事物。

記憶刻印在腦中

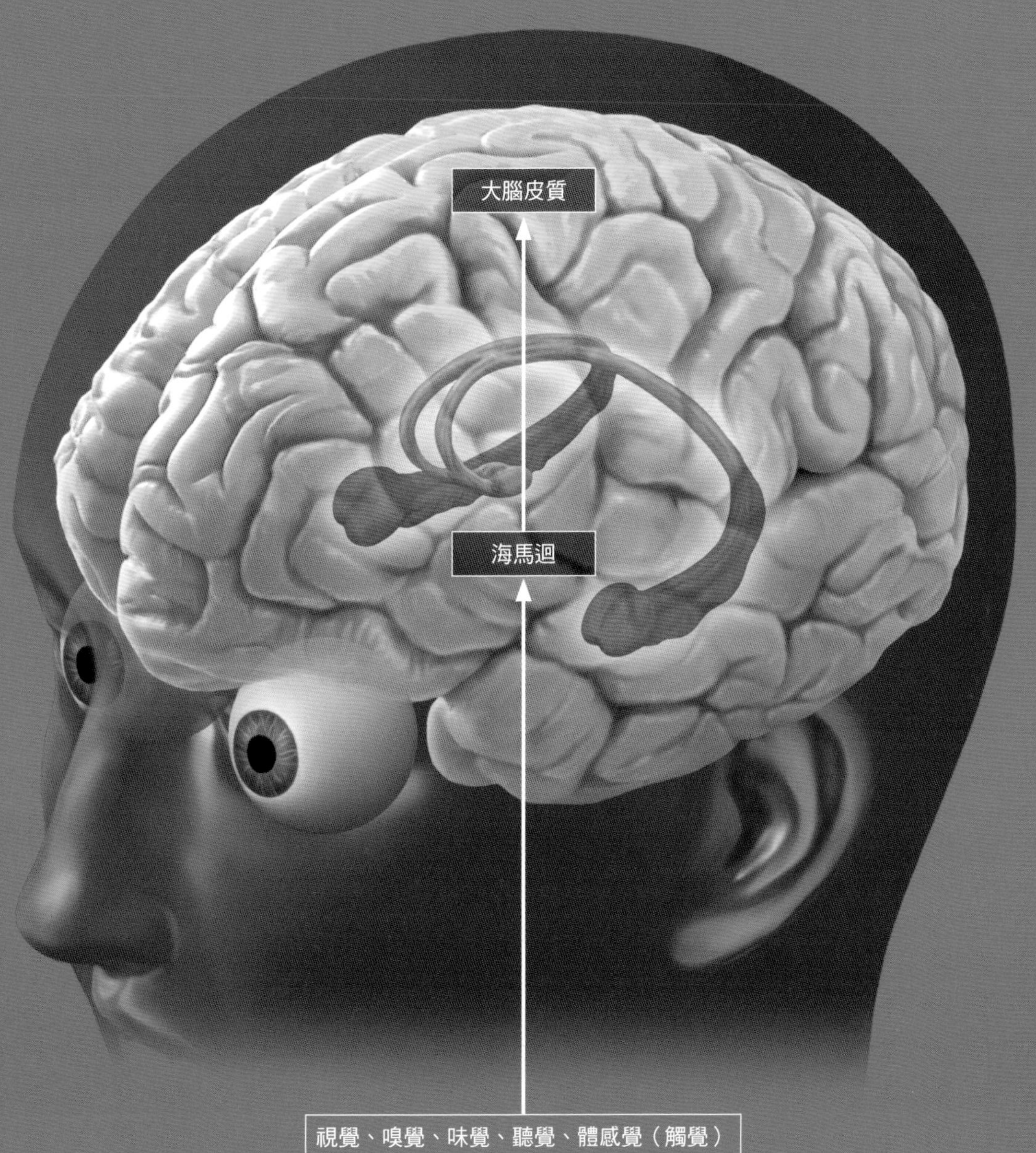

記憶與學習的關係

透過反覆學習增強記憶

發現樹突棘的重大作用

背了整個晚上的數學公式可能會在瞬間忘記，在小學背誦的九九乘法現在卻還記得。為什麼記憶會有這種奇妙的性質呢？

為了解開記憶不可思議的性質，有專家將研究焦點放在樹突的突出結構，也就是「樹突棘」。樹突棘（dendritic spine）位於兩個神經細胞的連接處（突觸），是神經細胞接受來自另一個神經細胞之訊號（神經傳遞物質）的結構。

如果反覆學習同一件事，同一個樹突棘就會反覆多次收到訊號，這會使樹突棘變得越來越大，接收訊號的效率也會跟著提升。

新的記憶，也就是小小的樹突棘，很可能在神經迴路變動時立刻消失。若要真正學到知識，必須反覆學習，使樹突棘變大。而與久遠記憶有關的樹突棘本來就很大，所以不容易忘記。

樹突棘的大小變動與記憶有關

不論有沒有學習造成的刺激，樹突棘的大小都會自行改變，這可以用來說明與記憶、學習有關的幾種現象。另一方面，神經迴路改變時，部分的樹突棘隨之消失，藉此捨去不需要的記憶。這個動作或許可以防止腦的記憶超載。

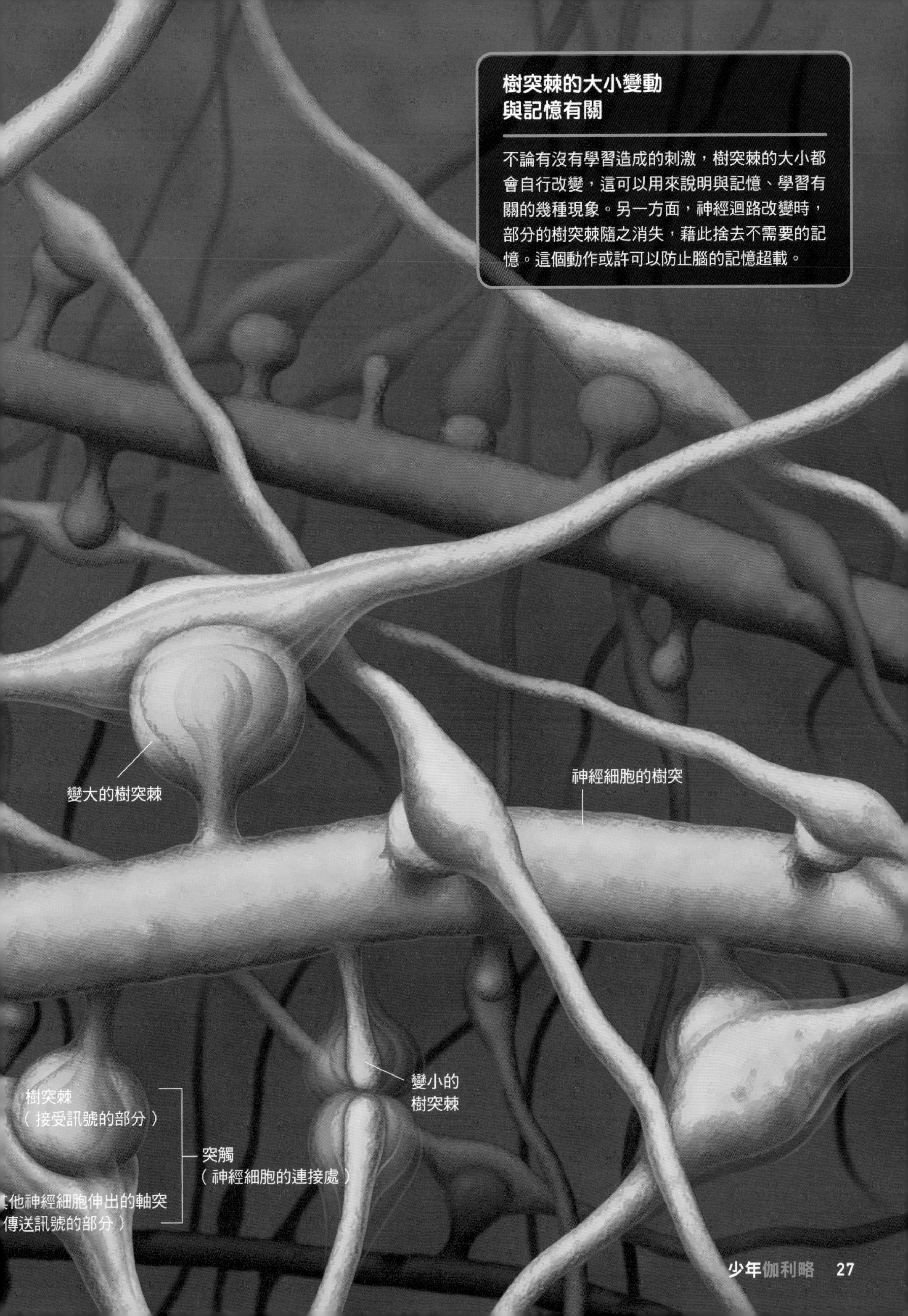

記憶與學習的關係

學習工具使用方法的猴子腦部

學習可以增加腦的容量

研究人員以不會使用工具的日本獼猴為對象，訓練猴子用耙子將遠方的食物拉近，結果過了20天左右，猴子已能熟練地使用工具。分析這些猴子的腦部後，發現儀器的訊號顯示腦特定部位的體積比之前增大※。其中一隻猴子的訊號甚至增加了17%，過去從來沒有在如此短的時間內增加那麼多腦容量的案例。

如此大的改變，無法用神經細胞稍微改變大小或連接方式的變化來說明。或許是完全不曾使用過工具的猴子開始學習如何使用工具，才會出現這樣的變化。

從結果來看，或許就如重量訓練可以增大肌肉一樣，學習也能夠增加腦容量。

※：出處 Quallo et al.（2009）Proc Natl Acad Sci USA，106:18379-84.

猴腦的變化

儀器訊號顯示，學習前和學習後，猴腦的大腦皮質有三個地方（右頁上方插圖，紅色部分）會出現結構上的改變。這些部位可匯集視覺、觸覺等感覺資訊，並控制行動。另外在右頁下方的圖示中，則說明了工具使用熟練度與訊號強度的關係。

猴腦產生變化的部位

頂內溝皮質

次級體感覺區

顳上溝皮質

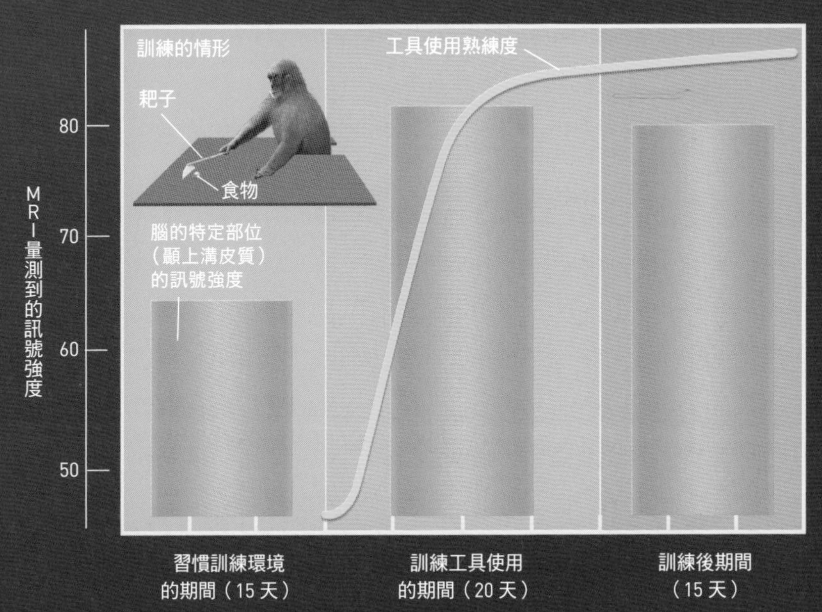

短期內的巨大變化

訓練期間中，猴子只花了10天左右就充分學習到如何使用耙子。隨著使用工具的熟練度增加，被認為代表腦膨脹程度的MRI的訊號強度，也在逐漸上升（黃線）。

記憶與學習的關係

猴腦的變化與人腦的演化

期待解開人類智慧的發展機制

使用工具讓猴腦產生的改變，可能與人類獲得智慧時的腦部變化有相似之處。

實驗中猴腦出現變化的部位，可以對應到人腦中用於學習使用工具、言語、概念等複雜功能的部位。這個部位，是人類在演化過程中特別發達的部位。猴子在學會使用工具時，這些部位會出現變化，或許這也暗示該部位與人類智慧的發展有強烈的關聯性。

雖然猴腦變化的詳細機制仍然未知，但說不定我們可以透過動態改變中的猴腦，來瞭解人類獲得智慧的過程。

猴腦的變化可以對應到人腦的進化嗎？

右頁插圖的紅色部分為猴腦產生變化的部位對應到人腦的部位。這些部位與工具的使用、概念（對於事物的一般印象）、語言等只有人類才有的複雜功能有關（右下方三個插圖）。

猴腦產生變化的部位對應到人腦的部位

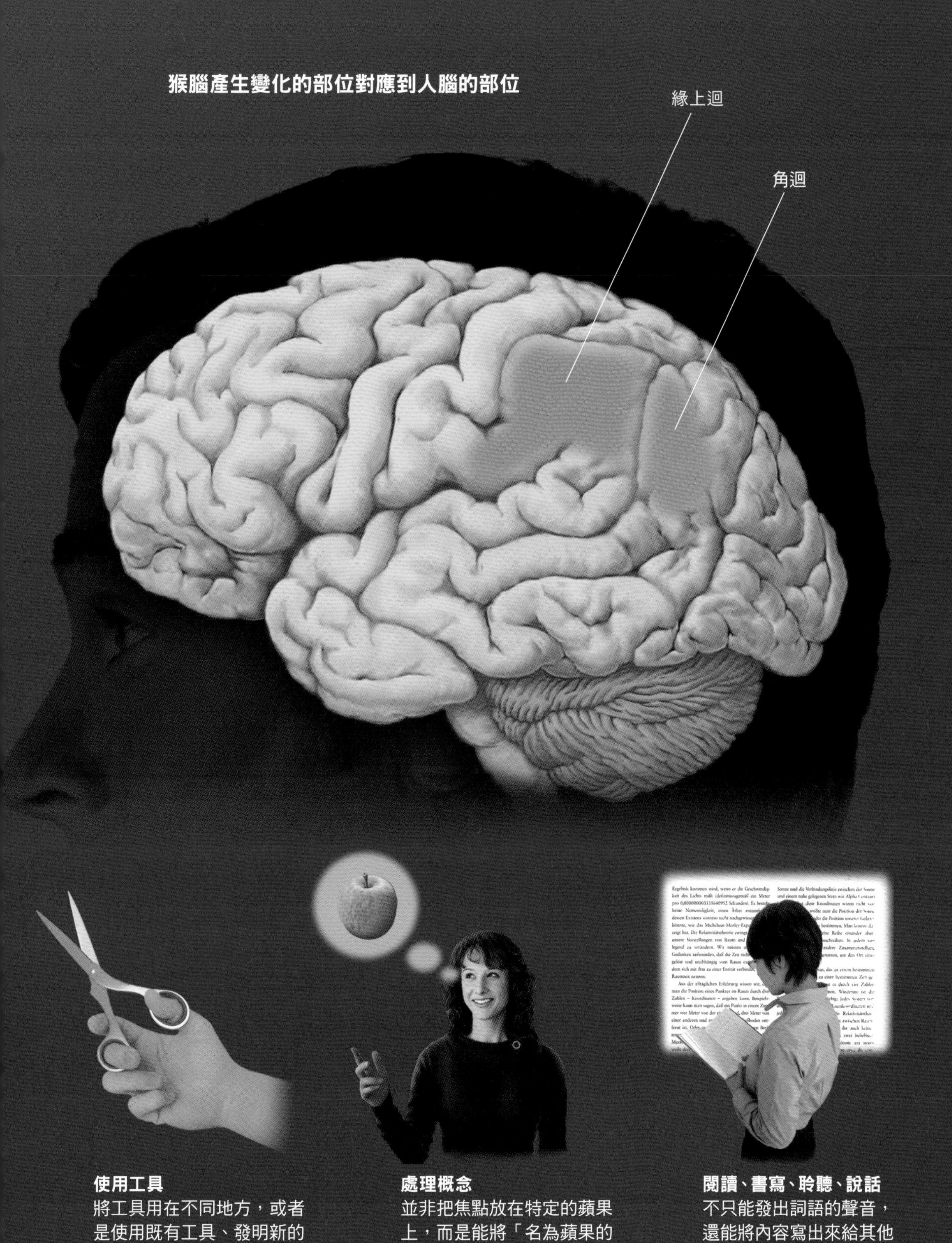

使用工具
將工具用在不同地方，或者是使用既有工具、發明新的工具。

處理概念
並非把焦點放在特定的蘋果上，而是能將「名為蘋果的物體及所有蘋果」的概念當做思考對象。

閱讀、書寫、聆聽、說話
不只能發出詞語的聲音，還能將內容寫出來給其他人看。

腦部驚人的資訊處理能力

電腦的資訊處理機制

以數位方式處理資訊快速又正確

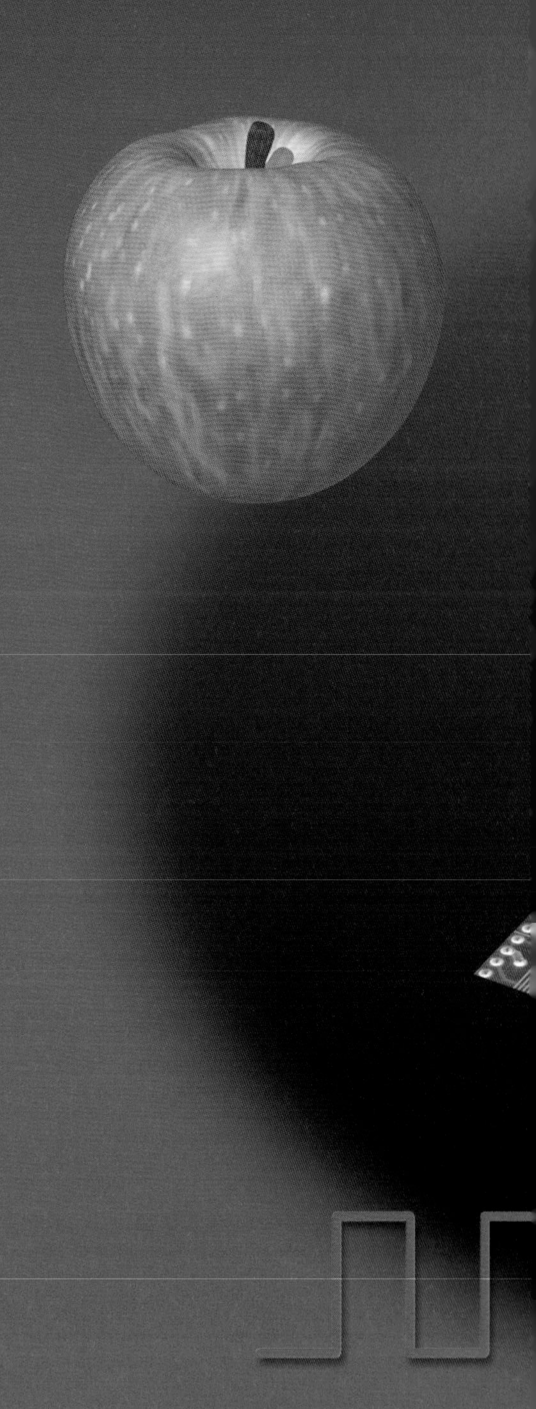

為了理解腦的資訊處理機制，首先來看一看電腦處理資訊的方式吧。

以「看到蘋果，記住它的形狀」為例，電腦會用數位相機等工具拍攝蘋果的圖像，將其識別成許多個像素（點），用名為「CPU」的高速計算裝置，依序計算出每個像素的位置與顏色。但CPU並沒有記憶的功能，因此會使用「記憶體」或「硬碟」等記憶裝置，保存處理到一半的資訊。

電腦處理的資訊皆可寫成由「0」與「1」組成的數位資訊。處理資訊的速度相當快，也相當正確，不會有任何「模糊」的空間。等到處理結束後，再將圖像存在硬碟內。

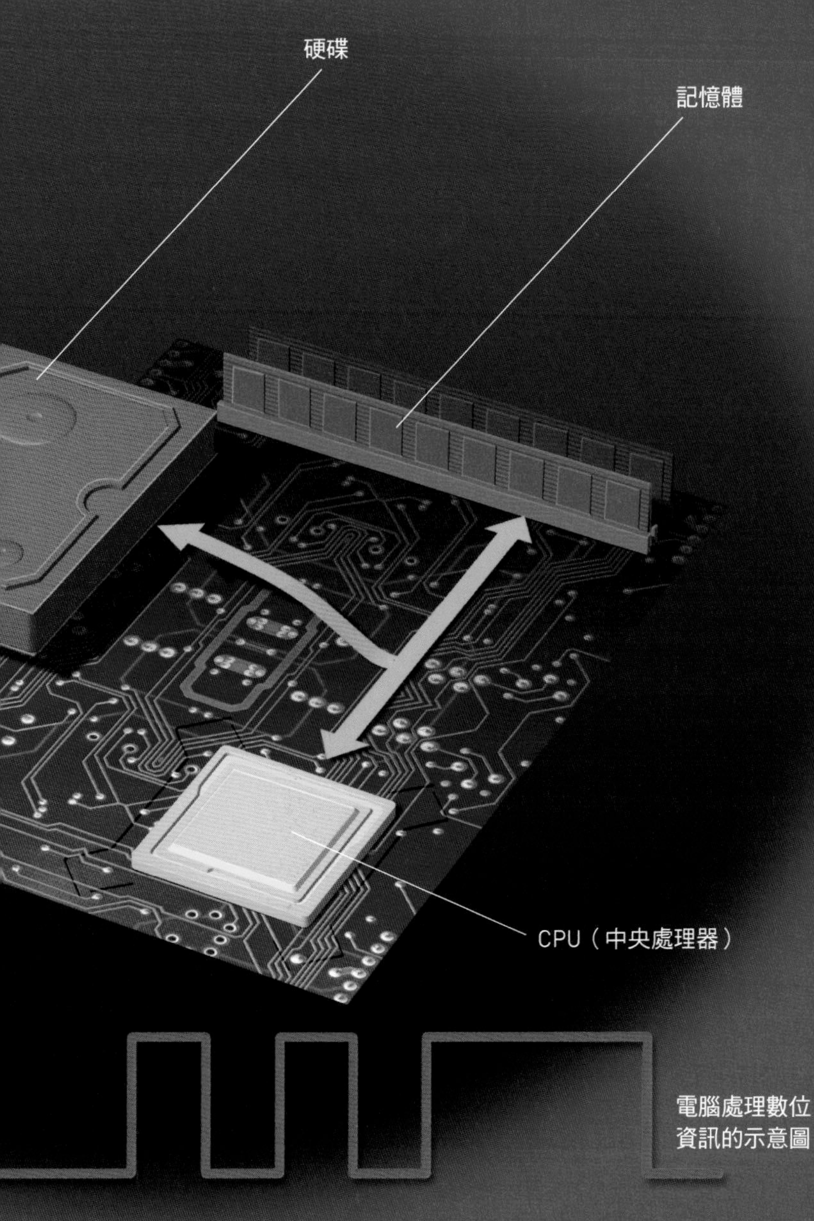

電腦紀錄的蘋果示意圖

電腦可將資料從頭到尾、滴水不漏地正確保存。只要裝置沒有故障，保存的資料就不會有任何變化。

電腦處理數位資訊的示意圖

電腦的資訊處理

電腦內有計算裝置「CPU」、可以暫時儲存資訊的記憶裝置「記憶體」、保存紀錄的記憶裝置「硬碟」，電腦會使用這些裝置依序處理資訊。

腦部驚人的資訊處理能力

人腦的資訊處理機制

腦藉由神經迴路分散處理資訊

緊接著來看看腦部處理資訊的機制吧。人眼看到蘋果的影像後，視網膜的細胞會將影像資訊轉變成電訊號，透過視神經傳到腦部。之後由稱為「視覺區」的區域，從影像中識別出蘋果。再透過海馬迴，記憶在大腦皮質內。

腦內並沒有能與CPU或記憶體完全對應的部位，不過神經迴路的功能就像CPU，可將暫時性記憶儲存在大腦皮質部分的「工作記憶區」，大腦皮質及海馬迴的功能則類似硬碟。

神經迴路與電腦還有一個很大的不同，就是神經迴路可以同時平行處理許多資訊，是非常複雜的資訊處理方式。另外，我們意識到的腦部活動，只占了所有腦部活動的一小部分。而且，不自覺的腦部活動，會影響到我們憑意識所決定的行動與意志。

電腦vs人腦

電腦與人腦擁有類似的功能。比方說，兩者都能識別圖像中的蘋果，並加以記憶（記錄）下來。但兩者記憶的方式並不一樣。電腦會藉由名為「CPU」的計算裝置，依序處理每個像素的資訊。另一方面，腦則會透過散布在腦內各處的「神經細胞網路」（神經迴路）同時活動，平行處理這些資訊。

人腦紀錄的蘋果示意圖

人腦無法將資料從頭到尾一絲不漏地正確保存下來。隨著時間的經過，人腦會遺失記憶，記憶中的顏色、形狀也會改變。

人腦處理類比資訊的示意圖

人腦的資訊處理

人腦會將數位資訊與類比資訊混在一起處理，處理速度比電腦慢，精確度也遜於電腦。不過，即使是不完全的資訊，也能得到一定程度的答案，因為人腦「創造」與「啟發」的能力比電腦強。

腦部驚人的資訊處理能力

從腦部的訊號讀取影像

或許很快就能讀取夢境

假設有一個人正在看蘋果。即使我們試著分解這個人的腦，找遍每個腦細胞，也無法在腦內找到「蘋果的圖像」。眼睛所看到的蘋果資訊會轉換成電訊號，並以「特定神經細胞的網路（神經迴路）活動」形式存在腦內，因此就算將觀測到的神經迴路活動記錄下來，也沒辦法立刻轉換成蘋果的圖像。不過，如果能「解讀」出這些「密

從腦中「讀取」圖像的方法

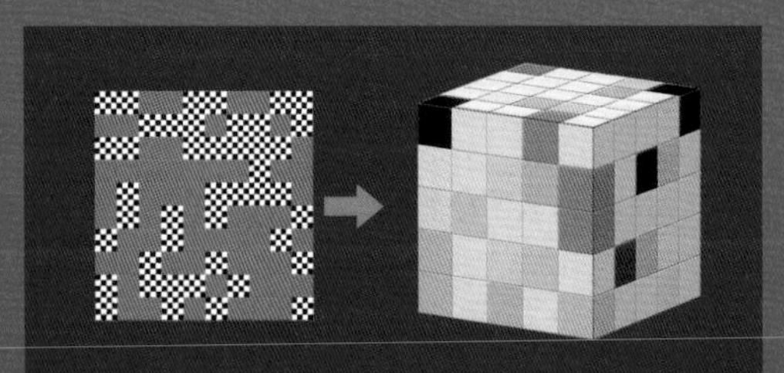

對比圖樣　　視覺區的活動情況

1 以各種腦部活動圖樣進行預習

首先讓受試者觀看10×10格的「對比圖樣」，圖中的小方格會黑白交錯閃動。當受試者連續觀看幾張小方格隨機閃動的不同圖樣時，研究人員會同時用 fMRI觀測受試者「視覺區」的活動情況。待看過400張閃動的圖樣後，就可以找出受試者在觀看不同圖樣時，視覺區的活動規則。

※為方便理解，這裡將實驗用的對比圖樣轉換成較為簡單的黑白點陣圖。

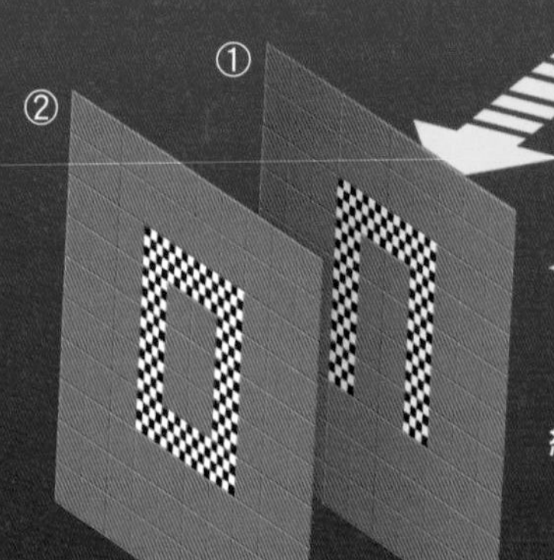

給受試者看的10×10格圖樣（對比圖樣）範例

碼」般的神經細胞活動，照理來說應該就能讀取出蘋果的圖像

研究人員使用最新機器 fMRI觀察人看到某個圖像時，其「視覺區」活動所得到的腦部活動資訊，看起來就和「雜訊」沒兩樣。從來沒有人想過，可以從一張張 fMRI的觀察結果得到有意義的資訊。但要求受試者觀看幾張隨機選出的點陣圖，並用識別圖形的演算法分析腦部活動，竟成功找出了受試者觀看的圖像與腦部活動之間的規則。因此，透過不斷調整這些規則，現在已可直接從腦中「讀取」到受試者所看到的圖像。

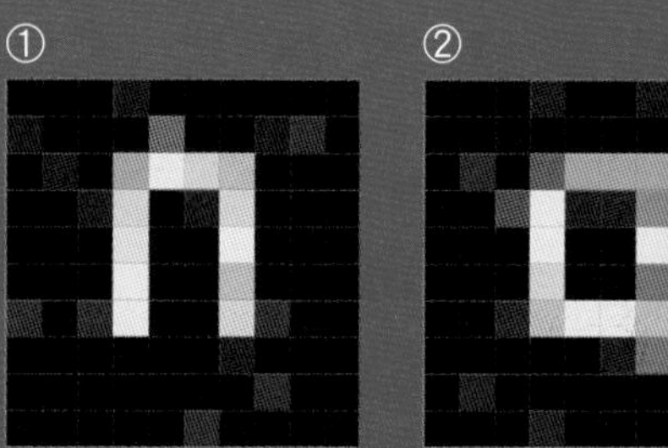

重建的圖樣範例

3 重建受試者看到的圖樣

藉由預習時建立的規則，由觀察到的視覺區活動情況，重建受試者看到的圖樣。

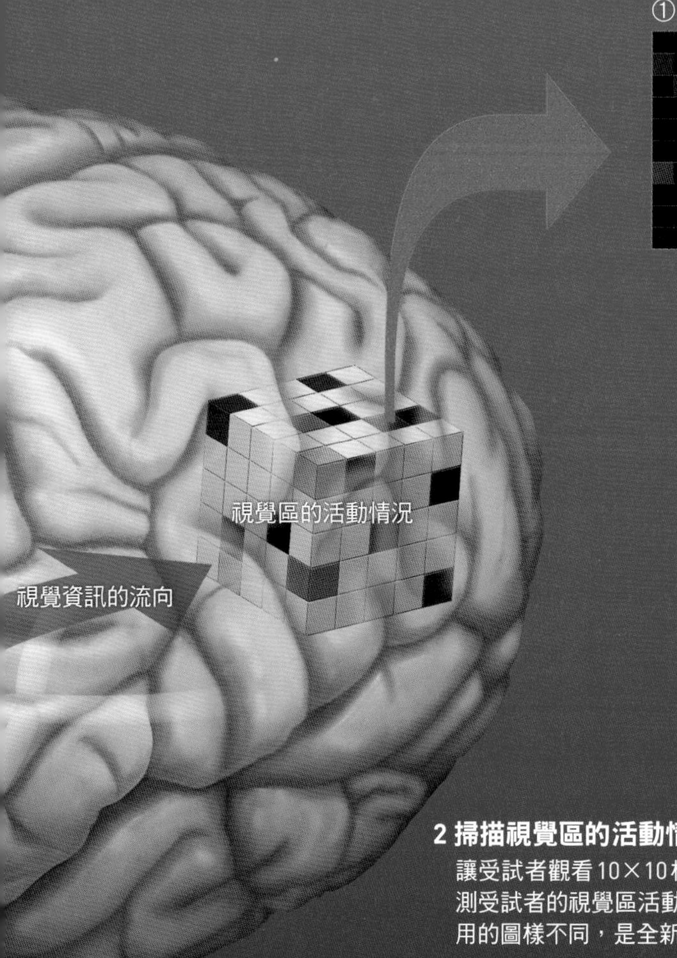

2 掃描視覺區的活動情況

讓受試者觀看 10×10 格點陣圖樣（對比圖樣），同時觀測受試者的視覺區活動。這時給受試者看的圖樣與預習用的圖樣不同，是全新的圖樣。

脳部驚人的資訊處理能力

廣告對於決策的影響為何

似乎直接作用於「原始的欲望」

我們在做決策時，會不知不覺受到腦部活動的影響。

曾有研究人員於2004年11月到2009年10月間，與各地的研究機構合作，一起試圖揭開腦的潛在活動。

根據研究顯示，即便只是走進便利商店，從一排罐裝咖啡中選出想要的品項，這個看似稀鬆平常的決定，都會受到腦部潛在活動的影響。

研究人員針對當廣告影響到受試者

的決策時，腦的哪個部分會變得比較活躍進行了觀察。結果發現，腦部的「殼核」明顯與受試者的決策有關，即與欲望及快樂的控制有關。

根據研究人員的說法，廣告看來是直接作用在我們「原始的欲望」上，想要用理性強制排除廣告帶來的影響，想必是很困難的事吧。

為什麼你會這樣行動？

影響決策的「潛在」資訊大致可以分成兩類。一類是連我們都沒注意到的資訊，另一類則是我們雖然注意到，卻並不知道會影響決策的資訊。我們雖然知道自己看過廣告，但有時不會意識到廣告會影響自己的決策。在做出決策時，廣告的確有可能是潛在的影響因素。

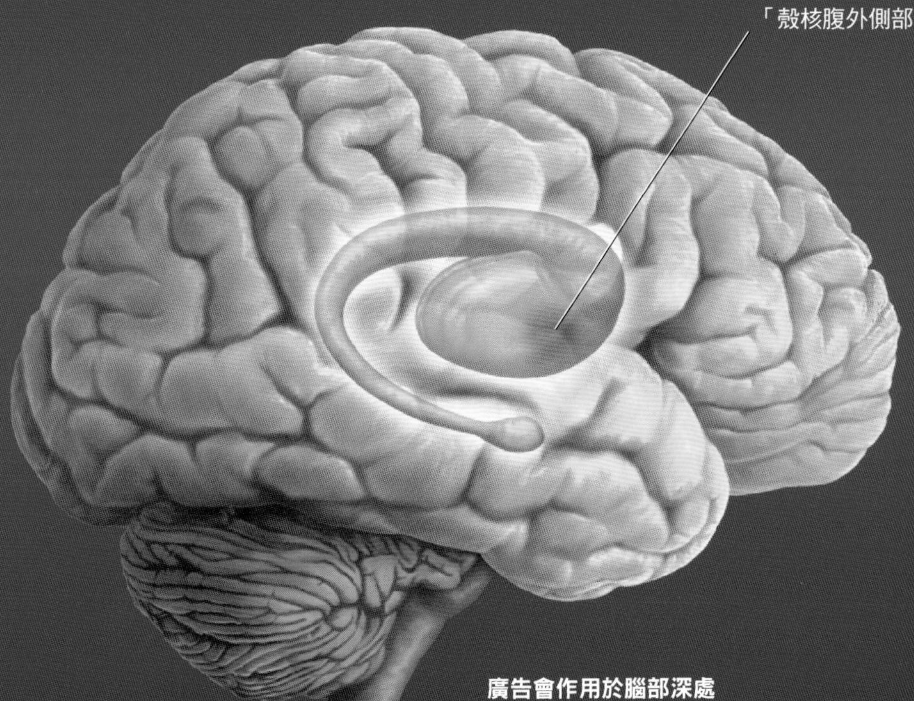

廣告會作用於腦部深處
在使用fMRI裝置觀測的同時，邊播放類似商品廣告的影片，只要受試者按下手邊的按鈕，就可以透過吸管喝到想喝的飲料。由研究結果得知，當廣告發揮效果時，「殼核」的部分細胞會活躍起來。

腦部驚人的資訊處理能力

物品的價值判斷也與腦有關

若抑制某個部位的功能，會影響價值判斷的正確性

在前頁介紹的研究中，也找到了與物品價值判斷有關係的大腦部位。

實驗中以磁刺激暫時抑制受試者「右背外側前額葉皮質」（right dorsolateral prefrontal cortex）的功能，再請對方判斷要花多少錢買某項商品。當右背外側前額葉皮質的功能受到抑制，價格的設定會變得不正確。不過這些受試者沒有

判斷事物價值的部位？

利用fMRI進行研究後發現，腦的「右背外側前額葉皮質」在判斷事物價值時扮演重要的角色。此外，為瞭解右背外側前額葉皮質的功能，會使用「跨顱磁刺激」的方式，以磁場暫時抑制腦內特定部位的功能，進行如右頁的實驗。

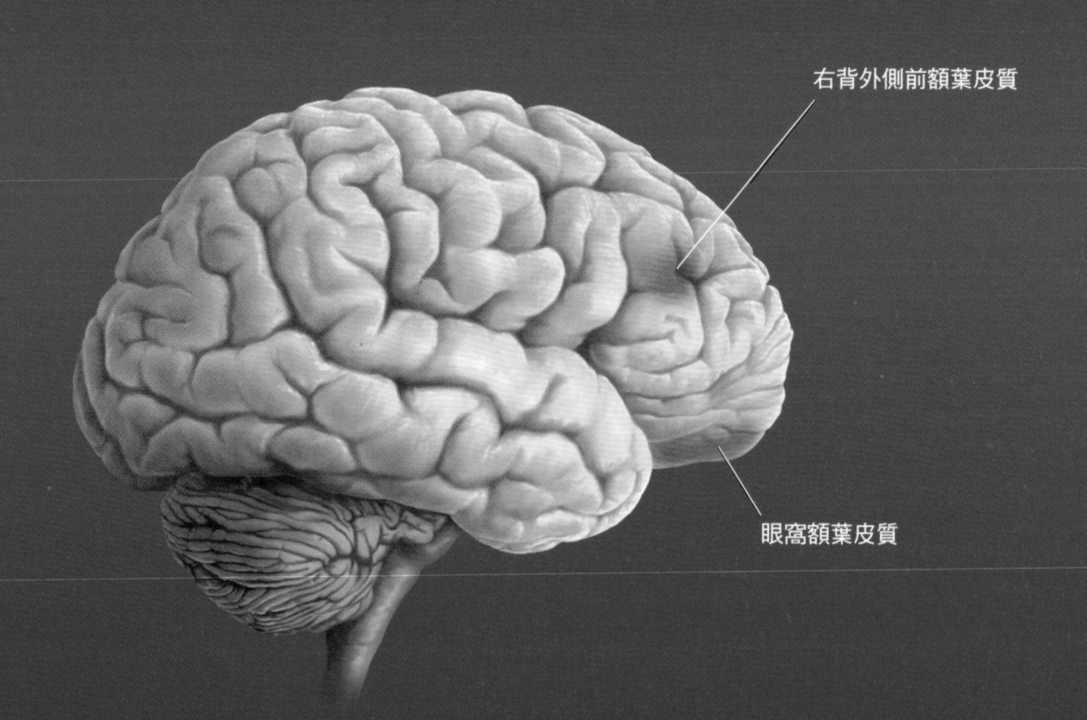

注意到，之所以會做出不正確的價格設定，是因為右背外側前額葉的功能降低的關係。因此可以得知判斷物品價值的決策，也與腦的潛在活動有關。

大家或許有聽過「人只會用到整個腦的10%」的說法，這是稱為「神經神話」的道聽塗說，並沒有科學的根據（詳見第12～13頁）。不過可以確定的是，幾乎所有的腦部活動都在我們沒有意識到的地方獨自運作。

跨顱磁刺激

以磁場改變神經細胞的活動。這種方式可以在不危害腦部功能的情況下，暫時抑制（或促進）某個部位的功能。

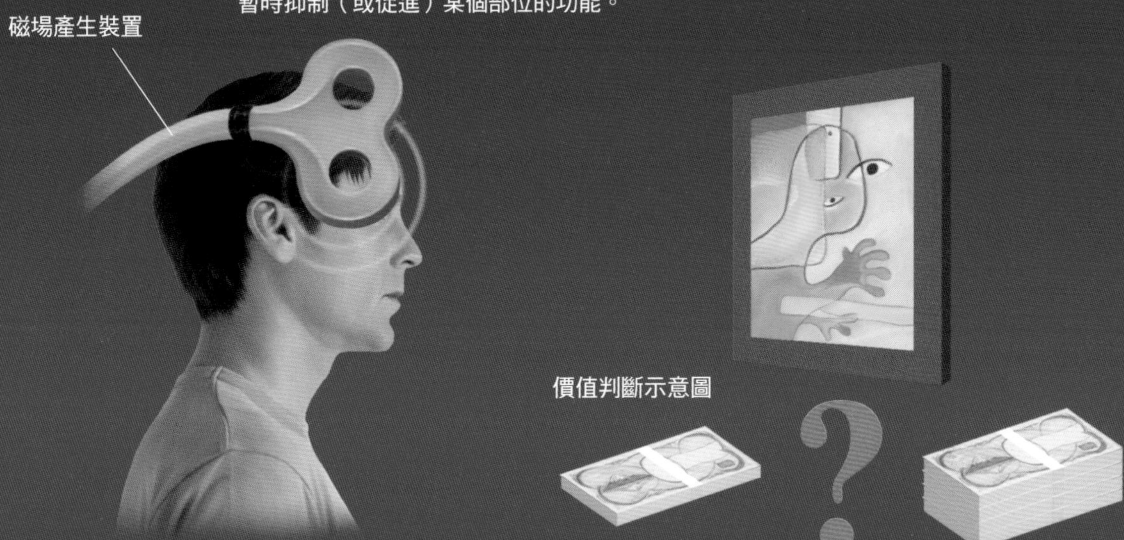

抑制右背外側前額葉皮質的功能時，會做出不正確的價值判斷

首先請受試者判斷50項商品（各種零食）的價格。接著以磁場抑制受試者右背外側前額葉皮質的功能，再次請他們判斷這50項商品的價值。結果顯示，右背外側前額葉皮質的功能抑制之後，判斷出來的價值全部偏低。代表右背外側前額葉皮質可能會提供與價值有關的資訊，給在決策過程中扮演重要角色的「眼窩額葉皮質」。

Column

Coffee Break

用光「操控」腦部活動的技術！

這裡要介紹的是利用光照射神經細胞，便可自由操控其活動的最新技術「通道視紫質」(channelrhodopsin)。

使用此技術，只要從外界以光線照射神經細胞就可以了，不會對腦部造成傷害。而且，可以只讓特定神經細胞對光產生反應，或者控制光的照射範圍，藉此限制受刺激的細胞種類與數量。

通道視紫質是原本存在於衣藻上的蛋白質，照到藍光時會改變結構。可以透過基因工程，使動物的腦神經細胞製造出通道視紫質。這麼一來，只要照到光，動物的腦神經細胞活動就會出現變化。

人們對許多腦神經機制仍不太了解。在通道視紫質的幫助下，現在已能用更清楚的形式呈現出這些神經的運作機制。

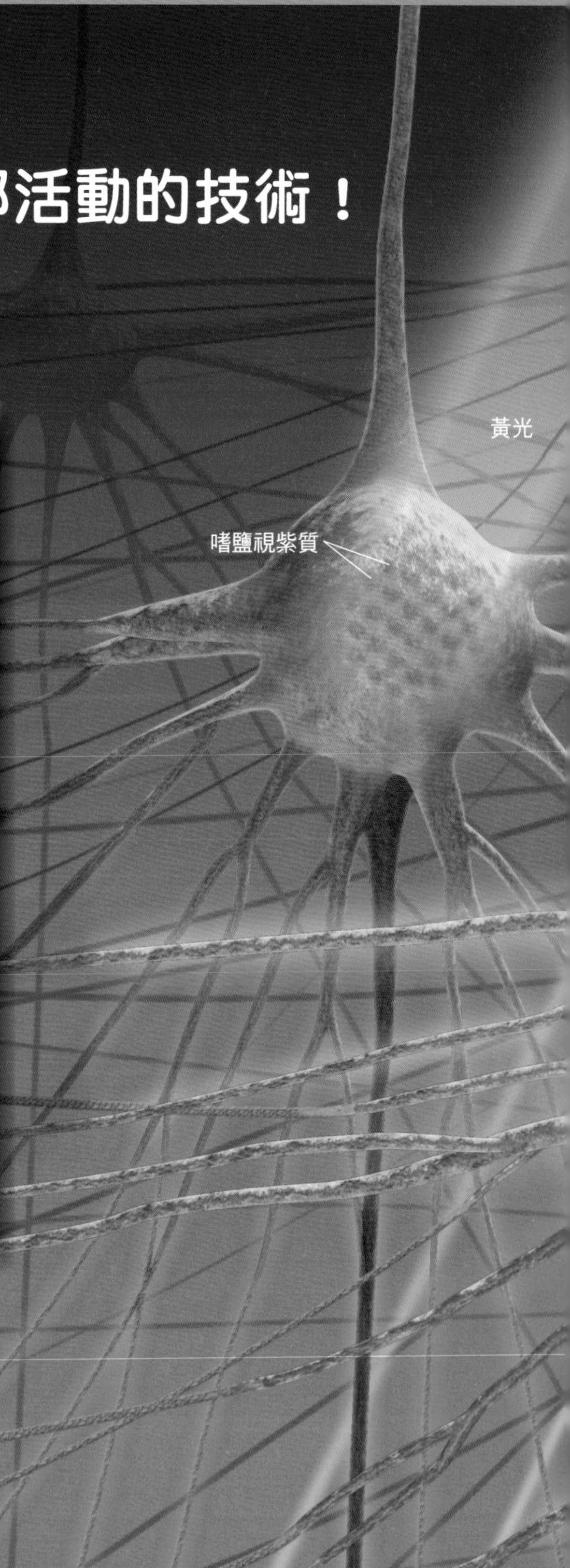

黃光

嗜鹽視紫質

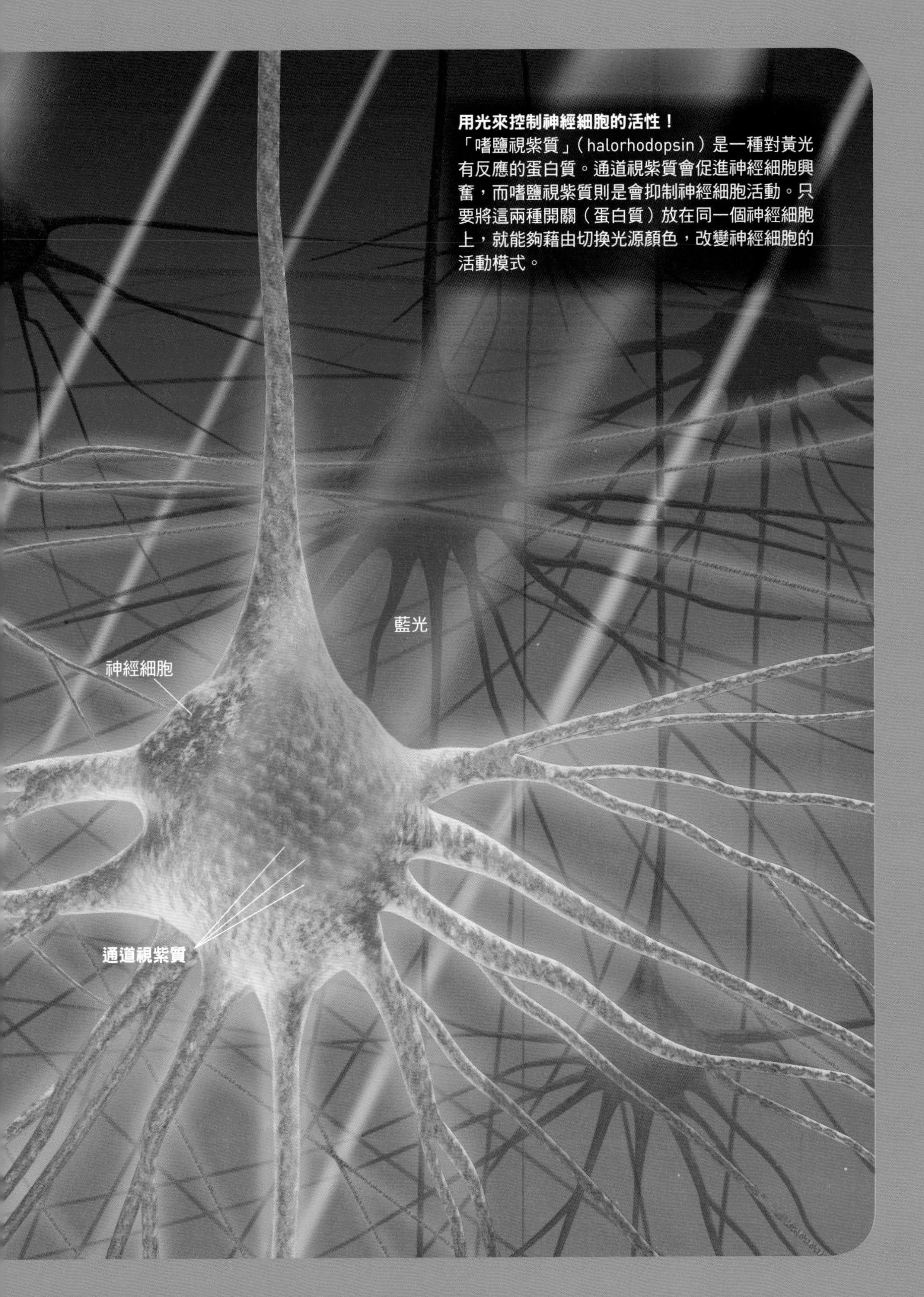
用光來控制神經細胞的活性！
「嗜鹽視紫質」（halorhodopsin）是一種對黃光有反應的蛋白質。通道視紫質會促進神經細胞興奮，而嗜鹽視紫質則是會抑制神經細胞活動。只要將這兩種開關（蛋白質）放在同一個神經細胞上，就能夠藉由切換光源顏色，改變神經細胞的活動模式。
藍光
神經細胞
通道視紫質

腦和意識的關聯

意識是從腦的哪個部位產生的呢？

意識是在腦中各分區的交互運作而產生

腦的內部，被認為與意識密切相關的部位，莫過於覆蓋在大腦表面的大腦皮質。接下來，就具體來看看視覺訊息在腦中轉換成意識的過程吧。

映入眼簾的視覺訊息，會經過腦中央的間腦內部的視丘，再傳送到「初級視覺區」。初級視覺區是「枕葉」的一部分，位於大腦皮質的後側。

之後在處理視覺訊息的同時，訊息

人腦的水平方向剖面圖

左頁是從側面看到的腦（左邊為前方）。
右頁是左頁的腦部水平方向剖面圖。

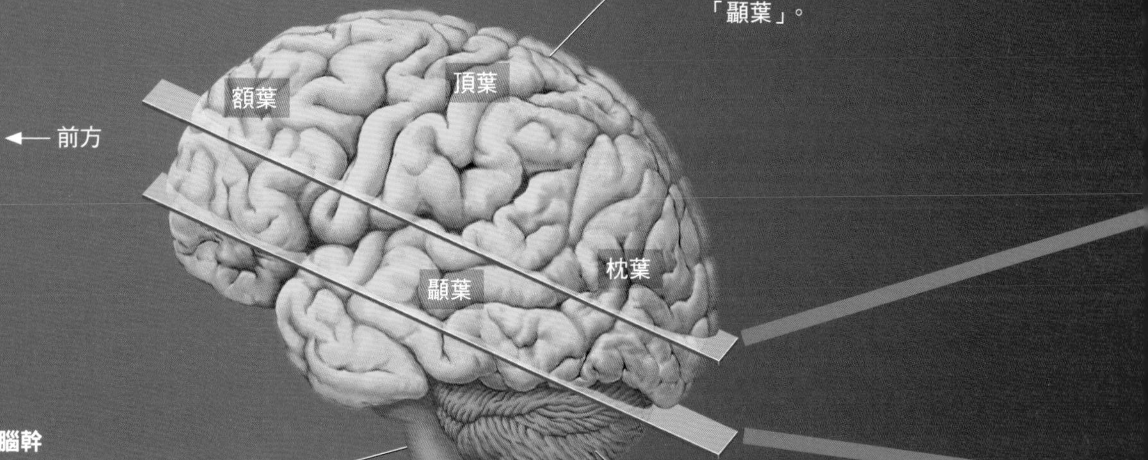

大腦

表層的大腦皮質又分成額頭的「額葉」、頭頂的「頂葉」、後側的「枕葉」，以及側面的「顳葉」。

腦幹

由「間腦」、「中腦」、「橋腦」和「延腦」所組成（有的分類中並不包含間腦）。腦幹的「神經核」由許多神經細胞聚集而成，掌管維持生命不可或缺的機能，也與睡眠和清醒的調節有密切的關聯。

小腦

與走路、騎自行車等「無意識」的動作息息相關。約占腦部10%的重量。表面有稱為「小腦皮質」的皺褶，聚集著小腦特有的神經細胞。

會從初級視覺區傳送到同為大腦皮質的「頂葉」和「顳葉」等區域，最後抵達「額葉」。各個分區交互運作下的結果，才使我們能夠產生有意識的「視覺」。

腦部就是像這樣由各個區域分工合作來處理訊息，亦即腦的「功能定位」（brain localization）。詳細機制雖然尚不明瞭，但認為意識也是必須仰賴腦中各個區域的通力合作才得以生成。

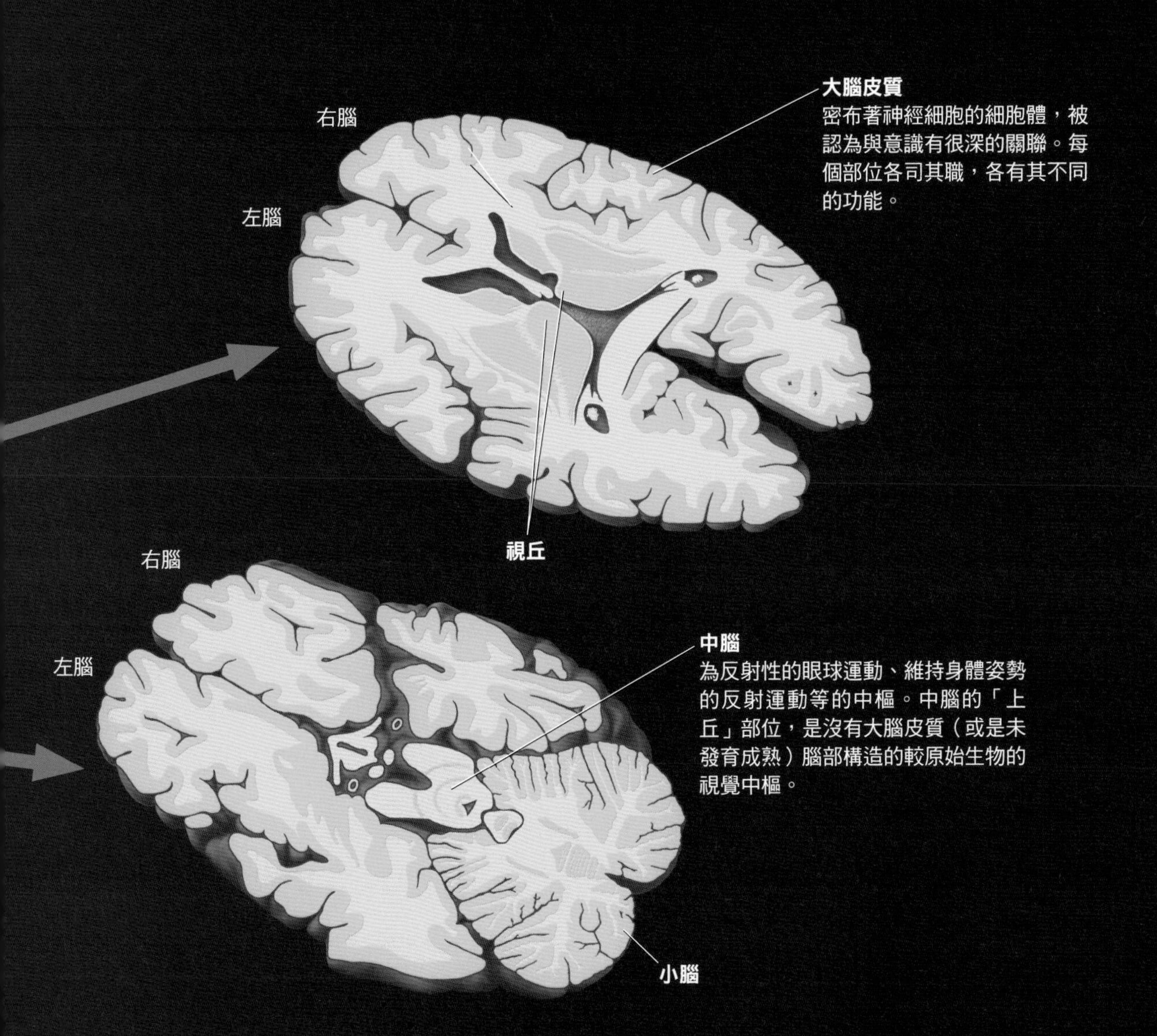

腦和意識的關聯

人在沒有意識的情況下也能行動

睡眠中的夢遊症患者會在無意識之下行動

所謂的意識，可以從是否清醒、是否睡著的觀點來思考。

意識的狀態，是指能對外界的刺激產生反應並做出對應的狀態。因此睡眠中的意識等級，基本上可以說近乎於零。

睡眠又分成腦部活動下降的「非快速動眼睡眠」（non-REM sleep），以及腦部活動活躍的「快速動眼睡眠」（REM sleep）兩種。在快速動

正常的睡眠週期

睡眠可大致分成快速動眼睡眠（黃色）和非快速動眼睡眠（藍色）。根據非快速動眼睡眠的深度，再分成四個階段。

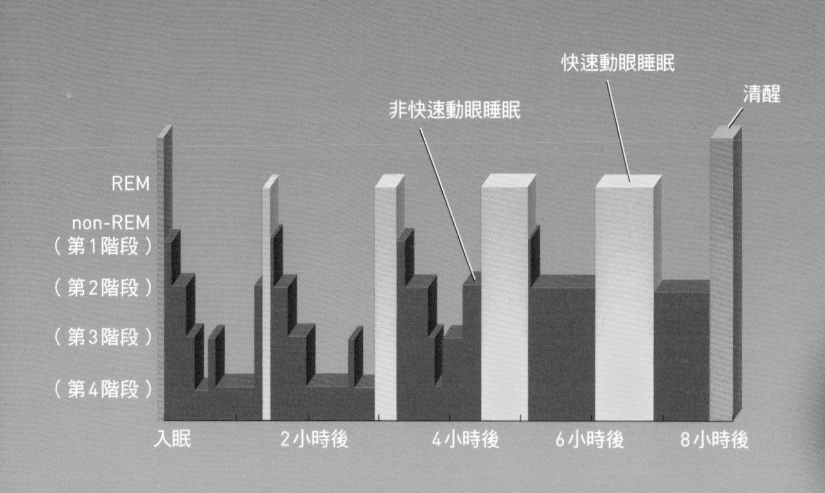

非快速動眼睡眠時
腦部的活動量整個下降。

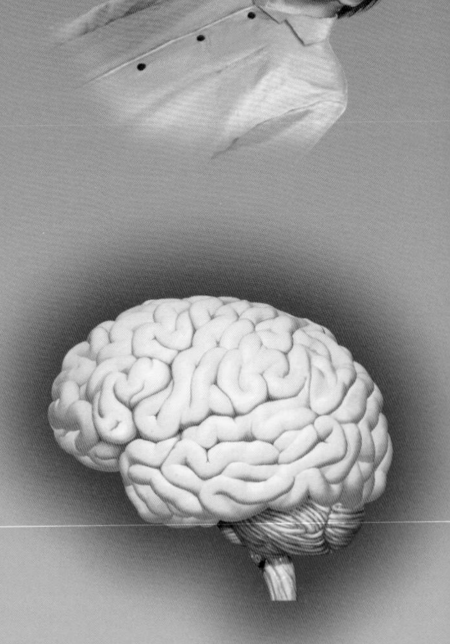

藍色代表相較於清醒時，
腦部活動處於下降的狀態。

眼睡眠中，腦內的許多部位依然很活躍，但是並不具意識。

至於「夢遊症」，則是在深層階段的非快速動眼睡眠時，本人明明沒有意識，卻做出起身走動、甚至是做菜或開車的行為。這是因為支配身體活動的部分腦區處於清醒狀態，所以會無意識地產生動作。

也就是說，行動時並不一定需要意識。所謂的意識，不僅是能依照當時的狀況採取適當的行動，同時在「限制不該有的行為」這層意義上，更具有重要作用。

快速動眼睡眠時

腦部的活動量，整體來說與清醒時的程度相同。前額葉區的一部分和初級視覺區的活動減退，相反的，視覺聯合區的活動則變得活躍。

在快速動眼睡眠時，腦內許多部位的活動變得活躍。若在這樣的狀態下醒來的話，會將腦部的活動視為是夢境。

清醒時

左邊所示在非快速動眼睡眠、快速動眼睡眠的腦部活躍度，皆是以各區域在清醒時的活躍度為基準，比較後所得出的相對值。

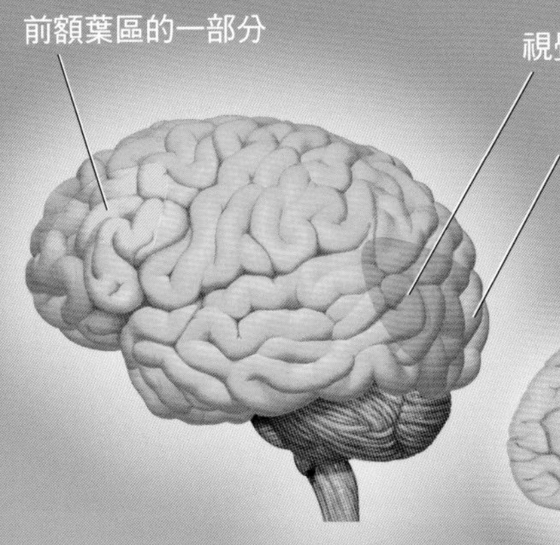

藍色為相較於清醒時活動力下降的區域，粉紅色是與清醒時活動力相同的區域，紅色則是比清醒時更為活躍的區域。

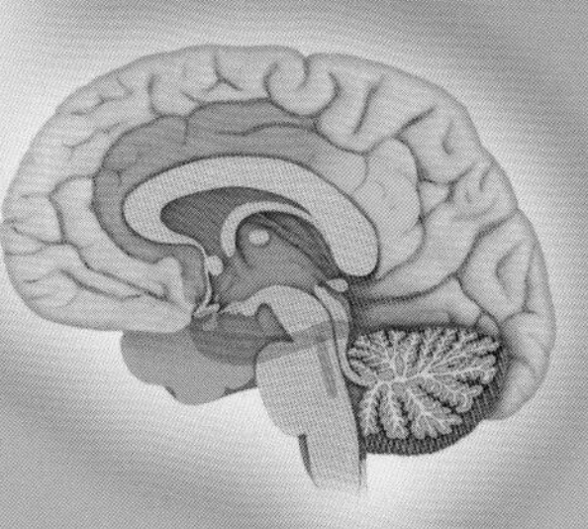

在大腦邊緣系統的運作下，夢境的情緒反應也更加豐富。

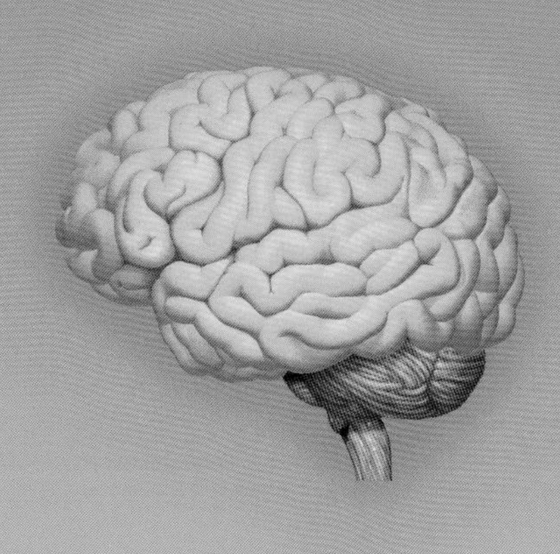

腦和意識的關聯

所謂的「腦波」是什麼？

腦會根據活動情況發出電訊號

可以從即使清醒也無法感知到外界狀態的「植物人」為例，來思考什麼是意識。

研究腦部活動的方法之一，就是量測「腦波」（brain wave）。腦波是將伴隨腦部活動產生的電訊號（神經細胞電位活動的總和）變化，以圖像化的方式記錄下來。

測量腦波的時候，一般是在頭皮貼上多個電極貼片，來讀取電位的變化。優點是對於受試者身體的負擔較小，但缺點是無法明確得知究竟是測量到哪個腦部區域的活動，而且難以捕捉到細微變化的活動（週期較短的活動）。

腦波測量是一種適合概略了解腦部活動的方法。

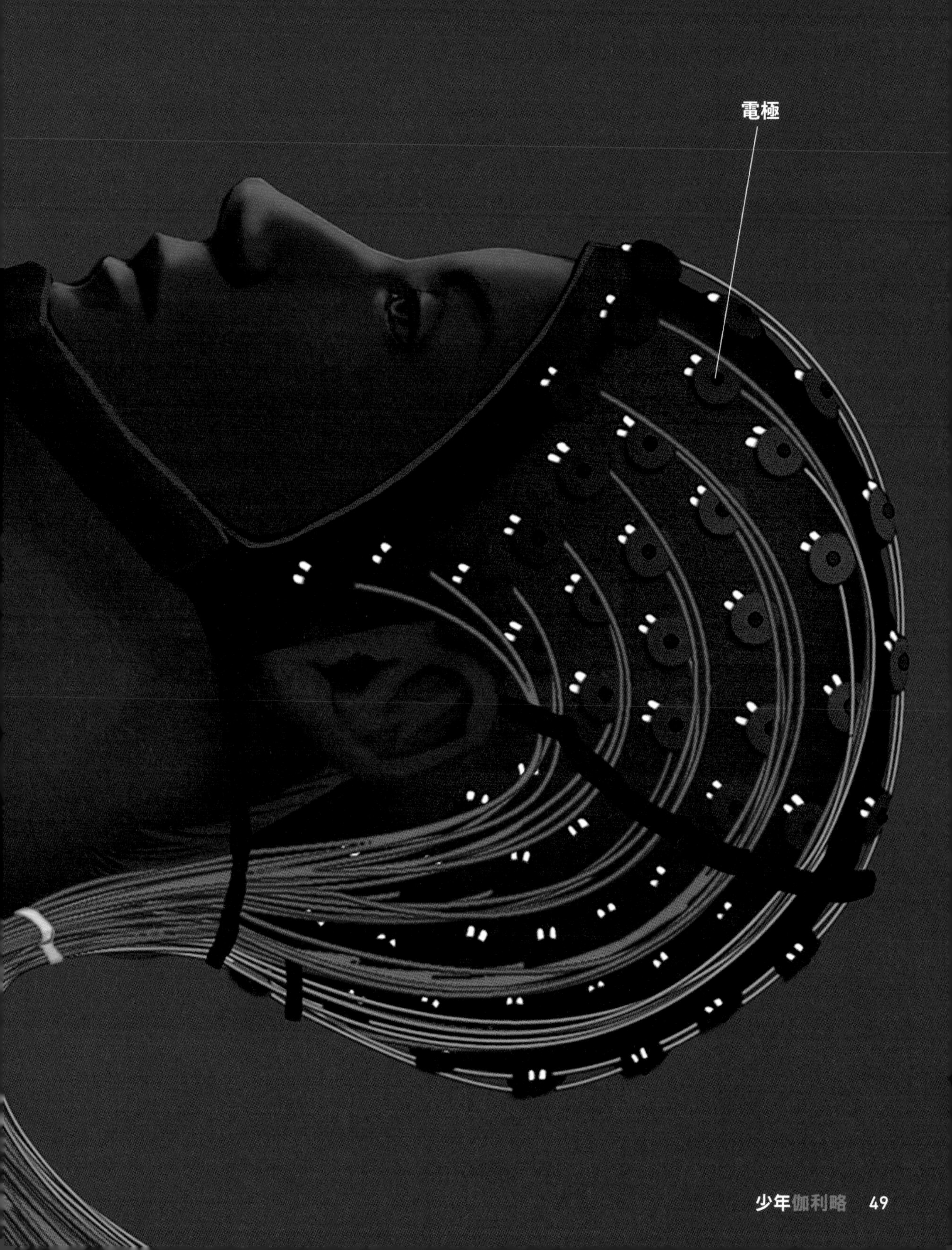
電極

腦和意識的關聯

腦波代表腦的活動訊息

即使是植物人，腦部仍可能正常運作

若腦部嚴重受損，雖然能維持生命但眼睛卻無法張開，這種狀態稱為「昏迷狀態」。一般認為昏迷狀態的患者，腦部的活動力減退，而且不具意識。

另一方面，對外界刺激完全沒有反應，但可以睜開眼睛、閉上眼睛，這種狀態則稱為「植物人」。植物人在「覺醒」的這層意義上來說，也可以說具有意識。但就無法對外部刺激做

雖然有腦部活動，卻沒有意識？

1 是正常人清醒時的腦波。2 和 3 是植物人的腦波，雖不若正常人，但腦部確實有活動的跡象。由於無法對外部刺激做出適當的應答，一般認為是沒有意識的。4 是昏迷狀態患者的腦波，具有變化相對平緩（週期較長）的特徵。振幅（上下移動）雖然大，但與清醒時的腦波不同。

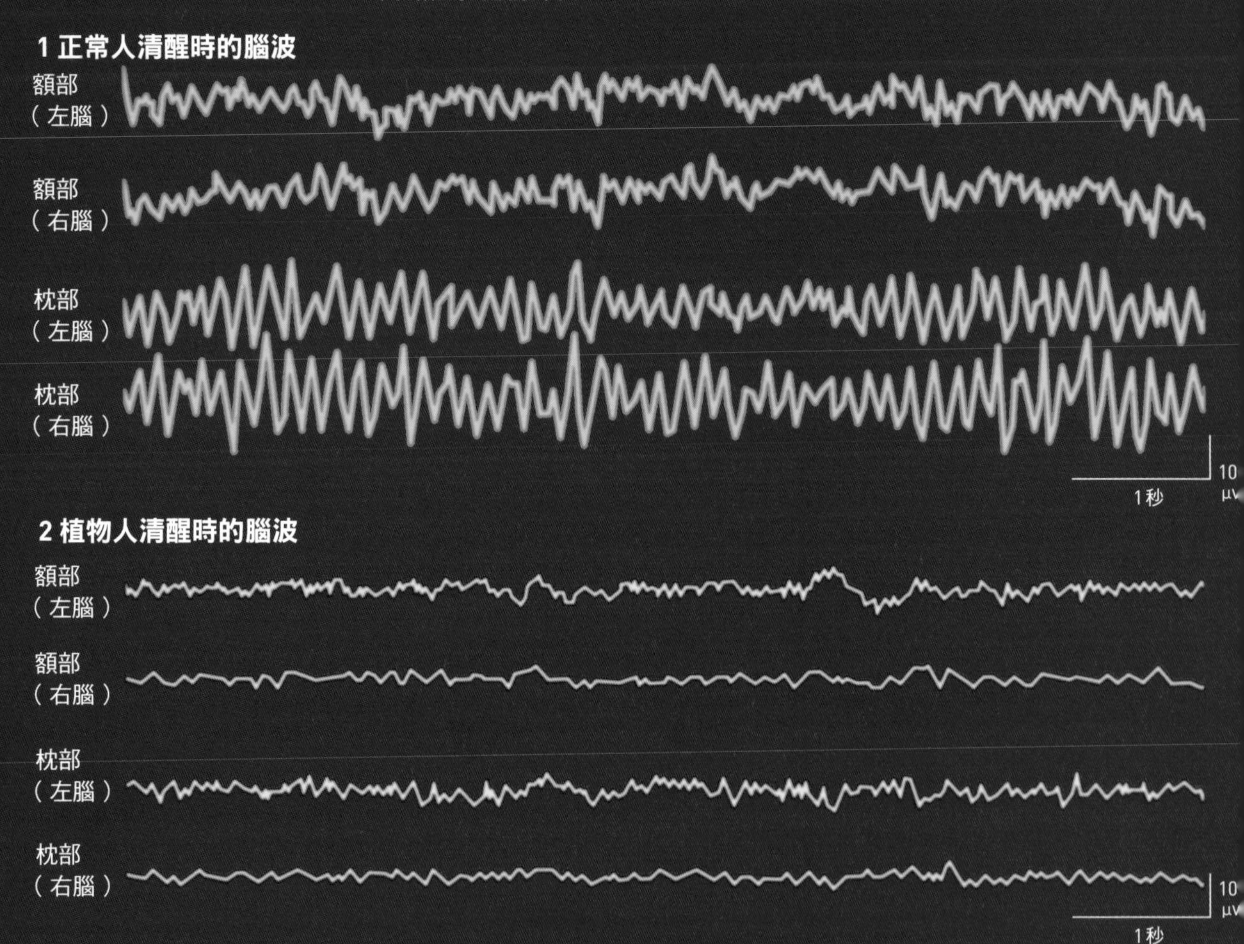

出反應的這點來看，從「整合各種感覺且能正常解讀」的意義上則不具意識。雖然腦部能有活動的跡象，但就像是零散的片段。

但根據2006年的實驗報告指出，診斷為植物人的患者也可能具有意識。當要該名患者「請回想起打網球的樣子」時，患者的腦部會顯示出與正常人聽到同樣指令時極為類似的活動。換句話說，這位患者可能與正常人一樣能夠理解外界的語言，並做出適當的應答（有意識）。

現階段關於腦部的研究，例如哪個部位受損到何種程度就會失去意識，仍有許多未知的部分。

3 植物人睡眠時的腦波

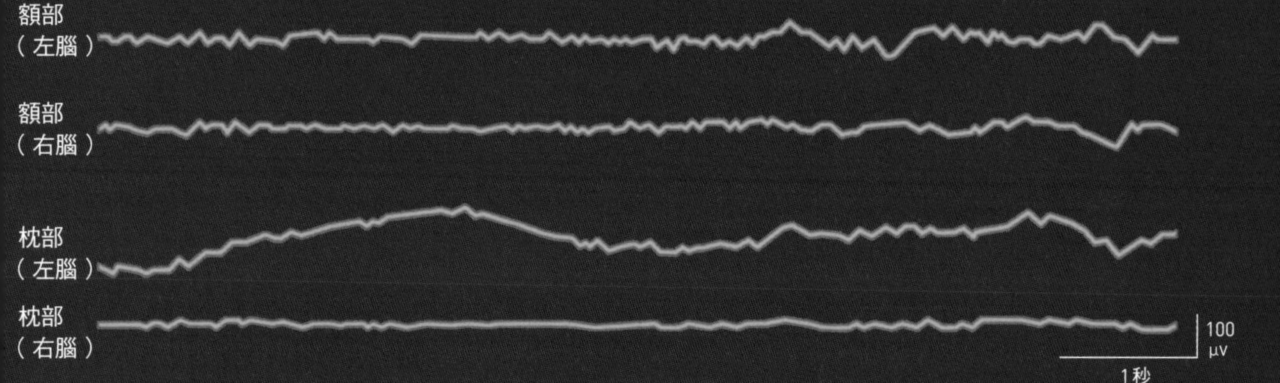

4 昏迷狀態患者的腦波

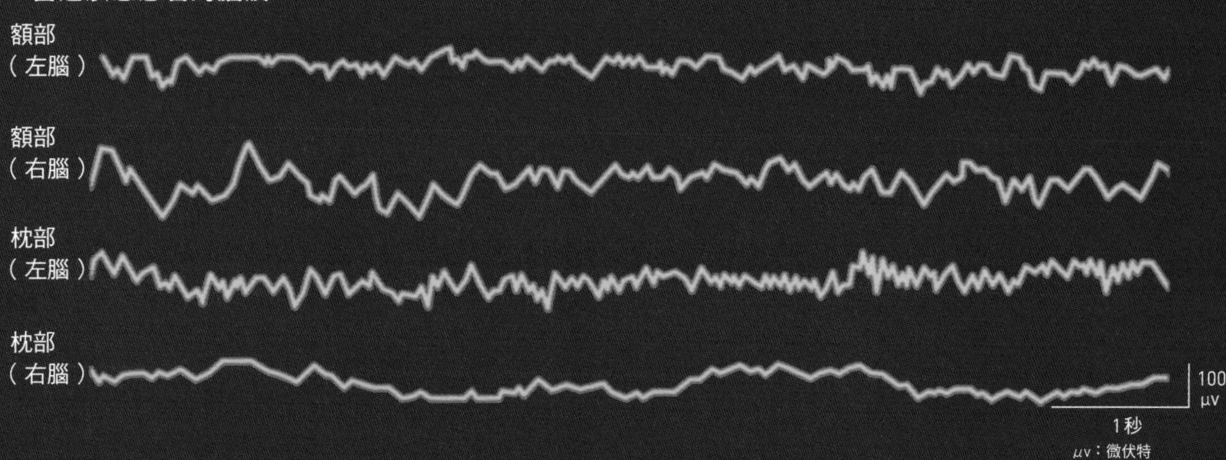

腦和意識的關聯

即使看不見，腦中仍能辨識出物體？

視覺訊息的處理，似乎與正常人有不同的路徑

左腦和右腦各自都有視覺區，負責處理視覺訊息。左腦掌管右半邊的視野，右腦掌管左半邊的視野。若左腦的視覺區受損，即使眼睛正常也會失去右半邊的視野，呈現「偏盲」（hemianopsia）的狀態。

不過，在偏盲的患者之中，也有部分患者能準確說出失去視野那側的物體位置。

像這種明明無法看見，卻又看得

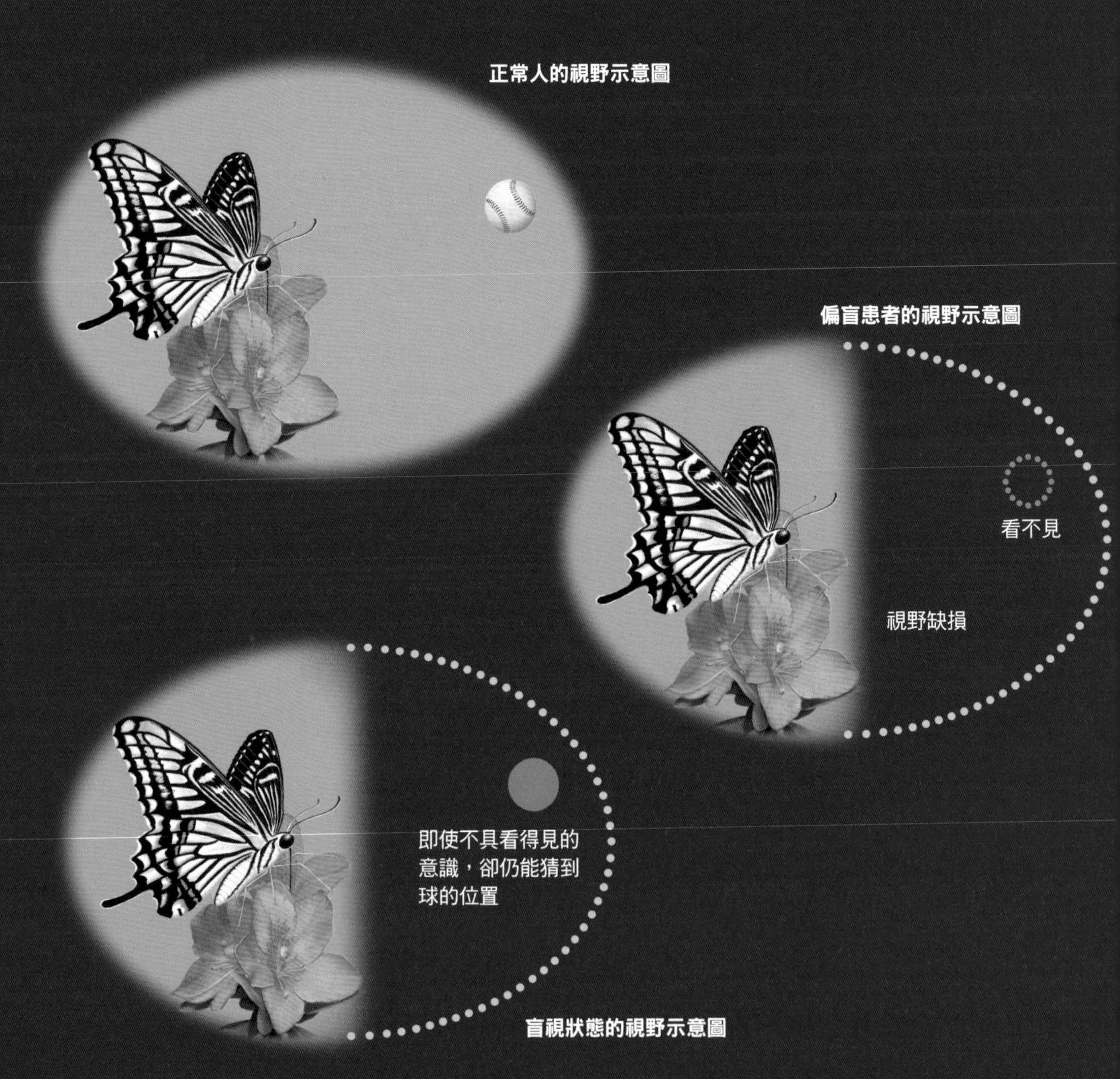

到的不可思議現象，稱為「盲視」（blindsight）。

進入視網膜的視覺訊息，會先經過視丘再傳送到視覺區，最後才能產生有意識的視覺。此外，目前已知還有另一條處理視覺訊息的途徑，就是從視網膜傳到中腦的訊息，會先在名為上丘的部位進行處理。似乎就是因為這條途徑的運作，才造成在無意識下也能看見的狀態。這可以證明在腦的活動中，具有意識的只有一部分，多數的訊息處理其實都是在無意識中進行的。

另外，在具有盲視能力的偏盲患者中，也有人覺得在失去的視野中「雖然不是很確定，但感覺好像有東西存在」，一般認為這可能是一種極為原始的意識。

盲視與其運作機制

左頁的插圖，是正常人的視野、偏盲患者的視野以及盲視狀態的視野示意圖。盲視雖不具看得見東西的意識，卻能猜得出東西的位置。

右邊的插圖是正常人視覺訊息的處理路徑（上），與盲視狀態下視覺訊息的處理路徑（下）的比較。

正常人視覺訊息的處理

視覺意識

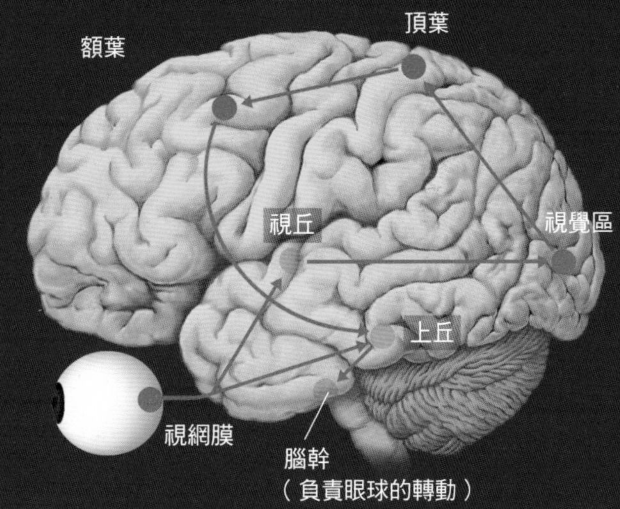

盲視狀態下視覺訊息的處理

雖沒有視覺意識卻「看得見」

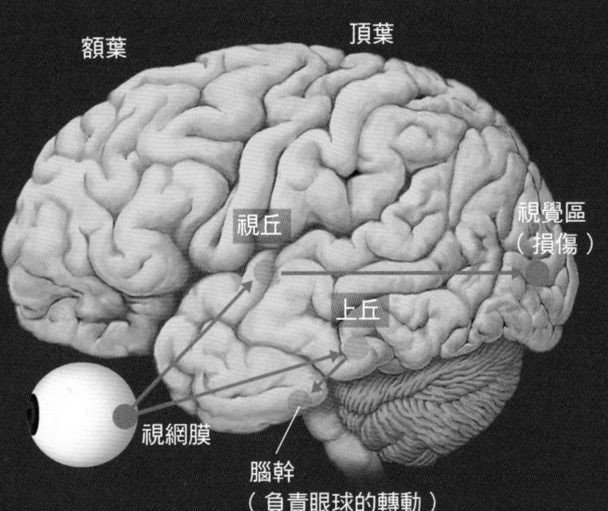

若視覺區受損，視覺訊息將無法傳送到頂葉、額葉等大腦皮質，便會造成視野缺損。但可以透過上丘等別條途徑處理訊息，所以具有盲視的能力。

天才腦的秘密

天才都是在夢中得到答案的嗎？

從銜尾蛇聯想到苯環的結構

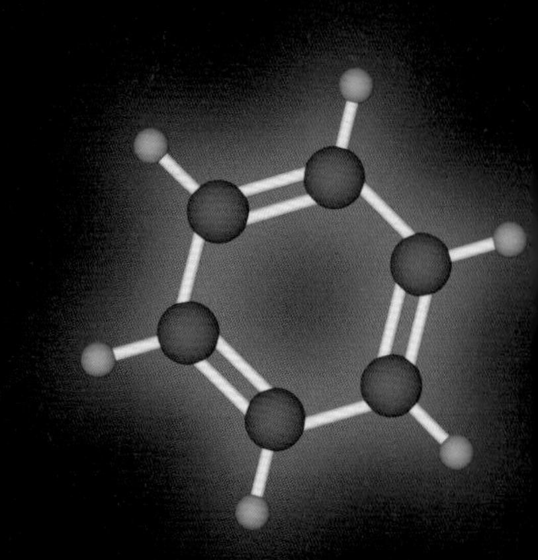

名留青史的天才藝術家、小說家或科學家，常說是從夢中獲得靈感，以此創造出偉大的藝術作品，或是顛覆常識的科學發現、發明。

舉例來說，西班牙畫家達利（Salvador Dali，1904～1989）就曾說過，他畫的是他在夢中看到的景象。寫出《變身怪醫》（Jekyll & Hyde）的英國作家史蒂文森（Robert Louis Stevenson，1850～1894）也說過，他做過一個雙重人格的夢，且還把它當成了這本小說的主題。

科學的世界中，則有德國化學家凱庫勒（August Kekulé，1829～1896）的例子。據說他在夢中看到原子彼此相連，就像咬住自己尾巴的蛇，形成環狀。他由此聯想到由六個碳原子組成的六邊形，也就是後來提出的苯環（benzene ring）結構。

凱庫勒從銜尾蛇的夢聯想到苯的環狀結構

苯是在19世紀時普及的煤氣燈中所發現的分子。在發現之後的一段時間內並不清楚其形狀，後來德國的化學家凱庫勒闡明苯的結構。他在1865年時夢到一條銜尾蛇，猜想苯的骨架可能是排列成環狀的碳原子（由六個碳原子以三個單鍵與三個雙鍵結合而成的環狀結構）。

凱庫勒（1829～1896）

苯的環狀結構

煤氣燈

天才腦的秘密

為何會在夢中靈光一閃呢？

平常不相連的神經迴路會在睡眠中連結起來！

作夢的時候，腦的內部究竟發生了什麼事呢？

記憶（包括知識）會分散保存在大腦外層的大腦皮質，在我們清醒時，為了避免不必要的事情干擾正常活動，腦只會選取必要的神經迴路運作，使其他不必要的資訊潛沉在意識底下。

不過在睡眠期間（快速動眼睡眠），這項抑制機制會消失，清醒時

清醒時與睡眠狀態下神經迴路的差異

從清醒狀態進入睡眠狀態時，通常會先進入「非快速動眼睡眠」，再進入「快速動眼睡眠」。不過，快速動眼睡眠的腦波比較接近清醒時的腦波，腦部活動比較大，所以才會做夢。此時（右圖），可能會產生不同於清醒時（左圖）的神經細胞連結。因此學者推測，清醒時幾乎不可能連結起來的記憶，可能會在快速動眼睡眠時連結起來，產生新的發現或靈感。

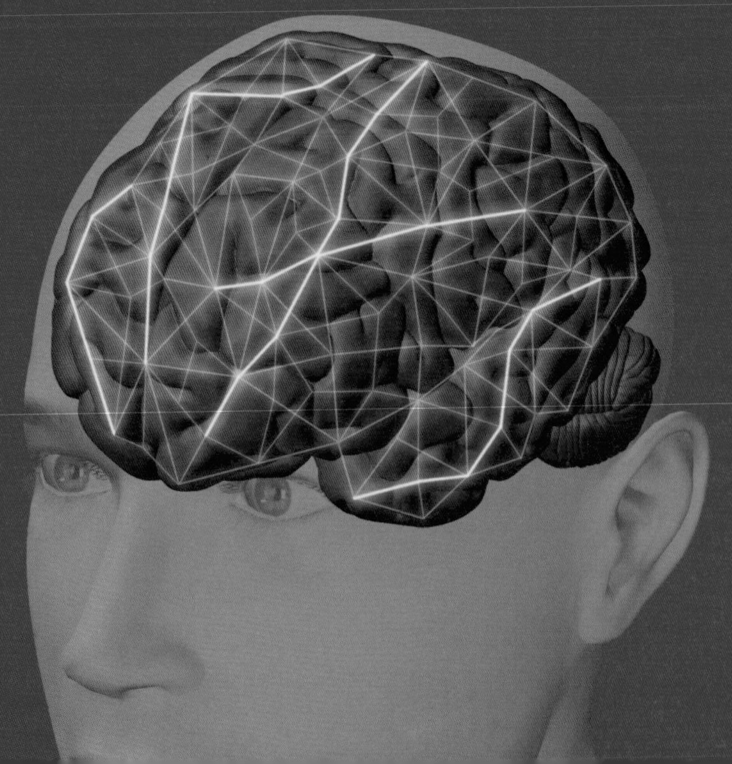

清醒時的腦

清醒時，腦內神經迴路活動狀態的示意圖。粗黃線為活動中的神經迴路。為了顯示清醒時與快速動眼睡眠（右圖）的腦內神經迴路差異，這裡極度簡化了腦內活動中的神經迴路。

受到抑制的神經細胞也可能加入神經網路的活動。尤其所謂的天才，他們專注力非常強，所以睡前專注思考的事，或許也比較容易與其他記憶產生連結。這些神經細胞的活動會將清醒時認為沒有關係的記憶連接在一起，形成一般情況下不會出現的記憶組合，這就是靈光一閃的由來。

再加上天才常將龐大的資訊量存放在腦中，腦中能彼此相連的要素相當多，也更容易誕生新的靈感。

快速動眼睡眠的腦

快速動眼睡眠時，腦內神經迴路活動狀態示意圖。與清醒時的腦內情況（左圖）相比，有些原本彼此沒有連結的神經細胞會發生連結，形成不同的神經迴路。

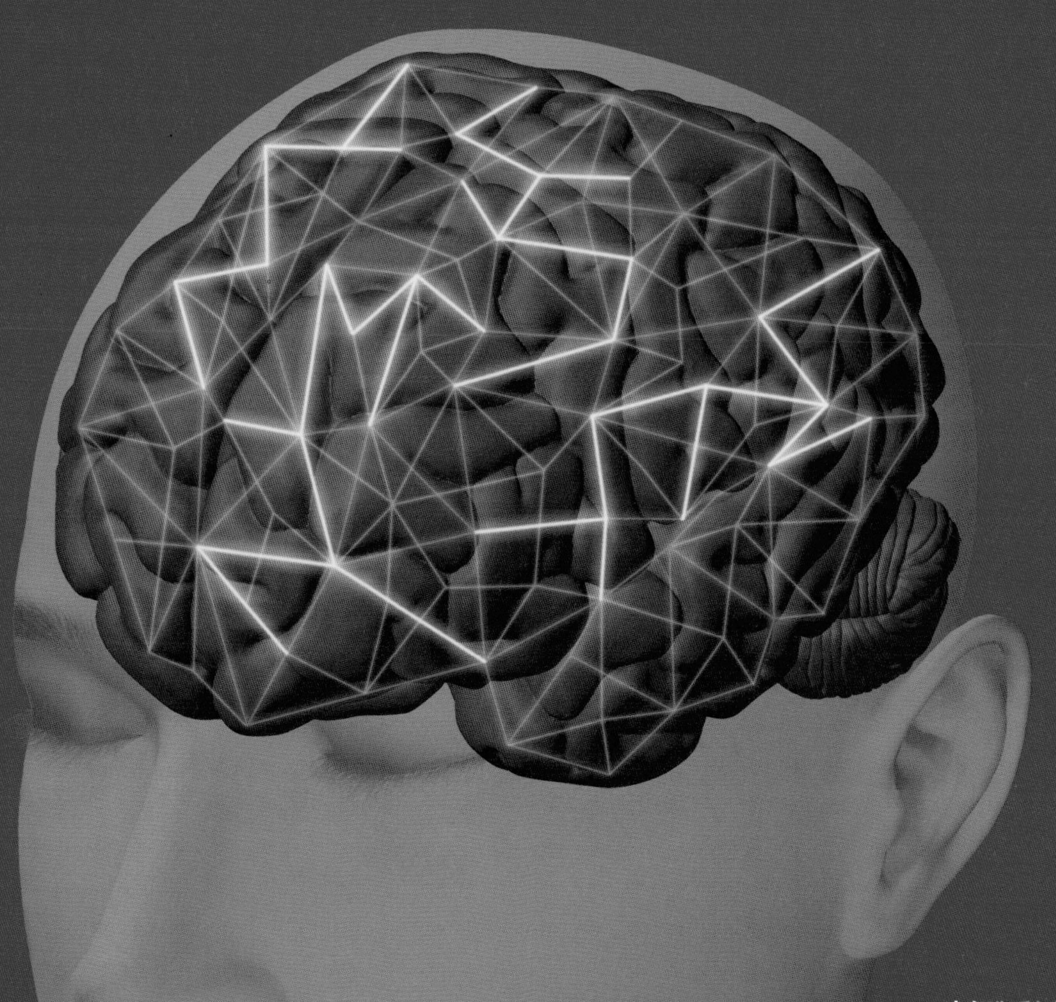

天才腦的秘密

從愛因斯坦的腦部結構探究天才之謎

擁有天才思維的兩個重要原因……

留名青史的天才物理學家愛因斯坦（Albert Einstein，1879～1955）在過世後，腦被取出作為標本，仔細分析其腦部的結構。

取出的腦重量雖與同齡男性相仿，但腦部結構中有幾個明顯的特徵。愛因斯坦腦中的前額葉區皺褶特別多，表面積比一般人還大。前額葉區與擬定計畫、進行推理等思考有關，皺褶多又大的前額葉區可能就是他擁有天

從愛因斯坦的腦部照片，試圖研究他的腦部結構

愛因斯坦過世後，他的腦被取出從各個角度拍攝許多照片。最近又有人發現了14張新的腦部照片。左右頁的圖就是取自這些照片的其中一部分。

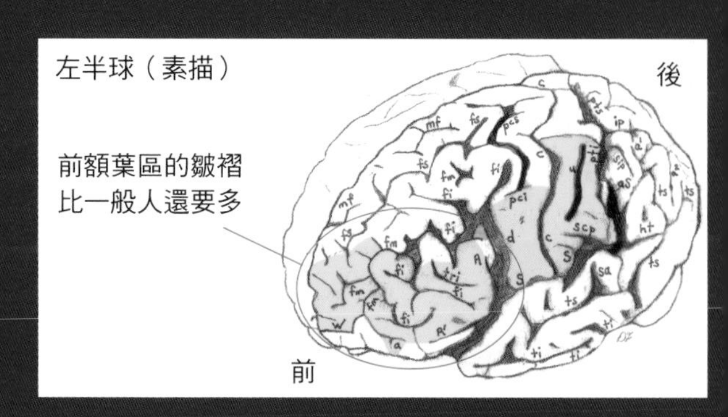

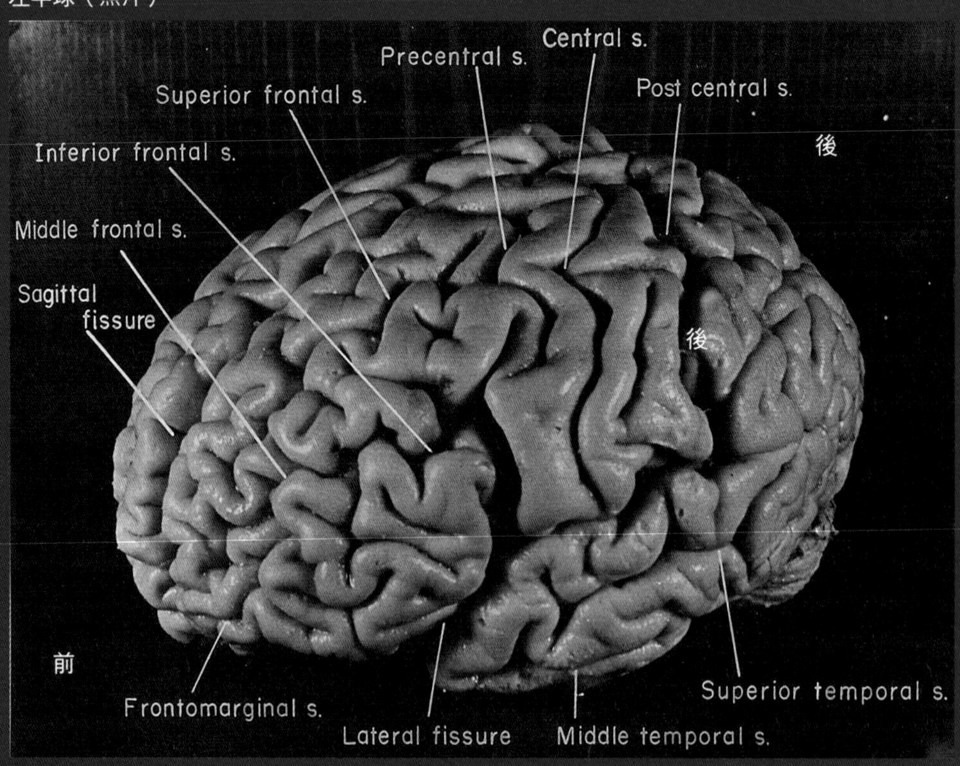

(OHA184.06.001.002.00001.00006)

才般思維的原因。

此外，愛因斯坦的胼胝體在大部分的區域，都比一般男性來得厚實。表示通過胼胝體的神經纖維數目較多，左半球和右半球的連結也比較密切。胼胝體也負責連結與思考和意志決定相關的兩半球前額葉區。

這些分析結果皆顯示，愛因斯坦之所以有天才般的新穎想法，或許和他擁有廣大的前額葉區及厚實的胼胝體有關。不過，並不曉得這樣的腦部結構是生來就有還是後天形成。而且，所有天才未必都有這樣的特徵。

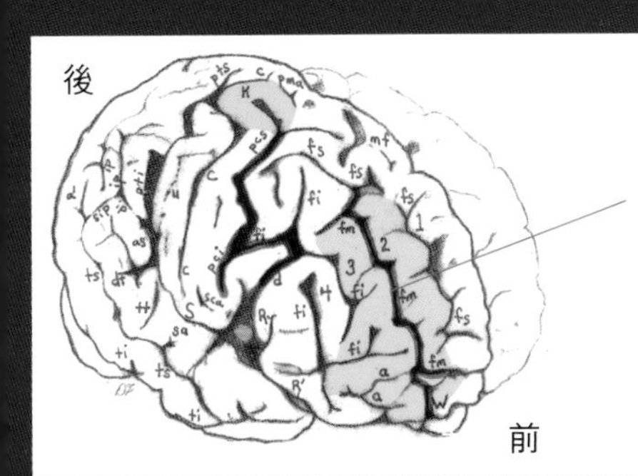

愛因斯坦的前額葉區有許多皺褶

研究過愛因斯坦的大腦皮質照片後發現，與一般人相比，其左右腦半球的「前額葉區」的皺褶明顯較多較長。

右半球（照片）

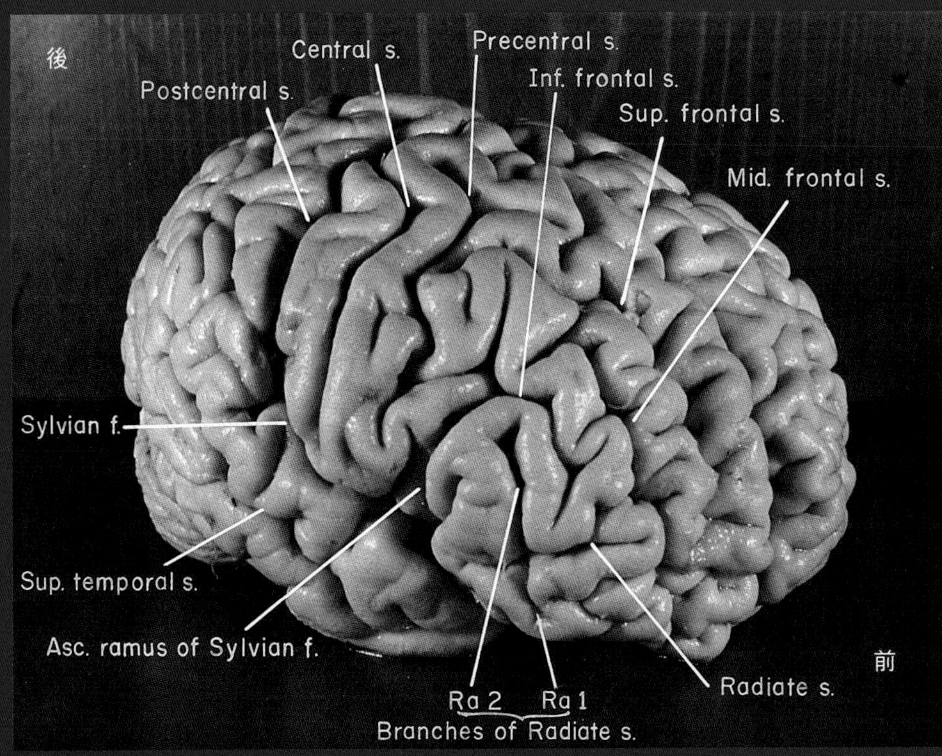

引用來源：
"The images of Einstein' s brain are published in Falk, Lepore & Noe, 2013, The cerebral cortex of Albert Einstein: a description and preliminary analysis of unpublished photographs, Brain 136(4):1304-27 and are reproduced here with permission from the National Museum of Health and Medicine, Silver Spring, MD."

(OHA184.06.001.002.00001.00008)

天才腦的秘密

職業棋士用直覺決定下一步棋？

善用豐富的經驗和數據，發揮楔前葉及大腦基底核的功能

圍棋和將棋的天才棋士，可以說是「直覺的天才」。棋士在對弈中要決定下一步該怎麼走時，會先以直覺決定可能的棋步，接著在腦中模擬各種棋步後做出判斷。所謂直覺，就是無意識的思考結果。

曾經有人做過研究，想知道將棋棋士的腦是如何產生直覺的。在研究計畫中，會要求棋士觀看將棋盤面，並觀察棋士解讀盤面時，腦部狀態有什

將棋棋士看到棋盤到決定下一步棋

以fMRI觀察職業棋士在思考下一步棋時的腦內活動狀況。藉此了解以直覺選出下一步棋的過程中，腦部活躍區域的變化（如右頁插圖所示）。

盤面的圖像資訊，會先送到大腦皮質的初級視覺區，然後送到楔前葉以理解盤面狀況。接著，大腦基底核會匯集原本儲存於頂葉、顳葉，由棋士過去的經驗與知識所產生的聯合記憶（彼此關聯的記憶），得知「在這個盤面，下一步棋應該下在哪裡」，再做出最後的判斷。

楔前葉可以理解的棋盤狀況

經過大腦基底核決定的下一步棋

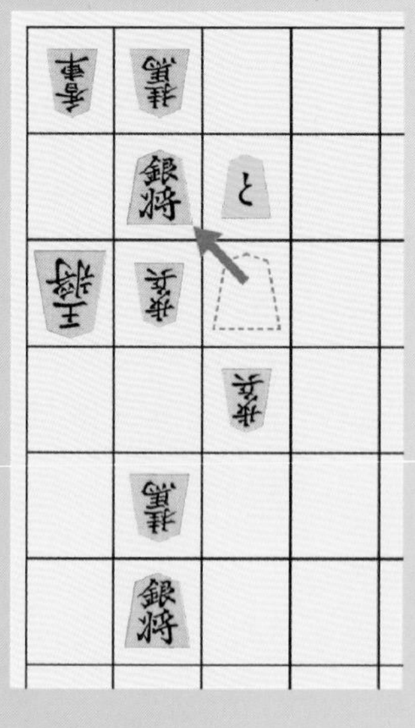

麼變化。以及棋士腦中出現下一步棋的直覺時，腦部狀態有什麼變化。

利用fMRI裝置，觀察棋士與業餘棋士瀏覽各種盤面以及與將棋無關的照片時的腦部活動狀態。結果發現，職業棋士只有在看到可能出現在實際對局中的將棋盤面時，頂葉後方內側與感覺視覺、空間有關的「楔前葉」（precuneus）區域才會比較活躍。此外，先讓職業棋士和業餘棋士一起只看一秒的盤面，再請他們回答出下一步棋的選項，結果只有職業棋士的「大腦基底核」區域出現活躍情況。也就是說，職業棋士在對局時，會用楔前葉理解當下盤面情況，同時牽動大腦基底核的活動，決定下一步要怎麼走。

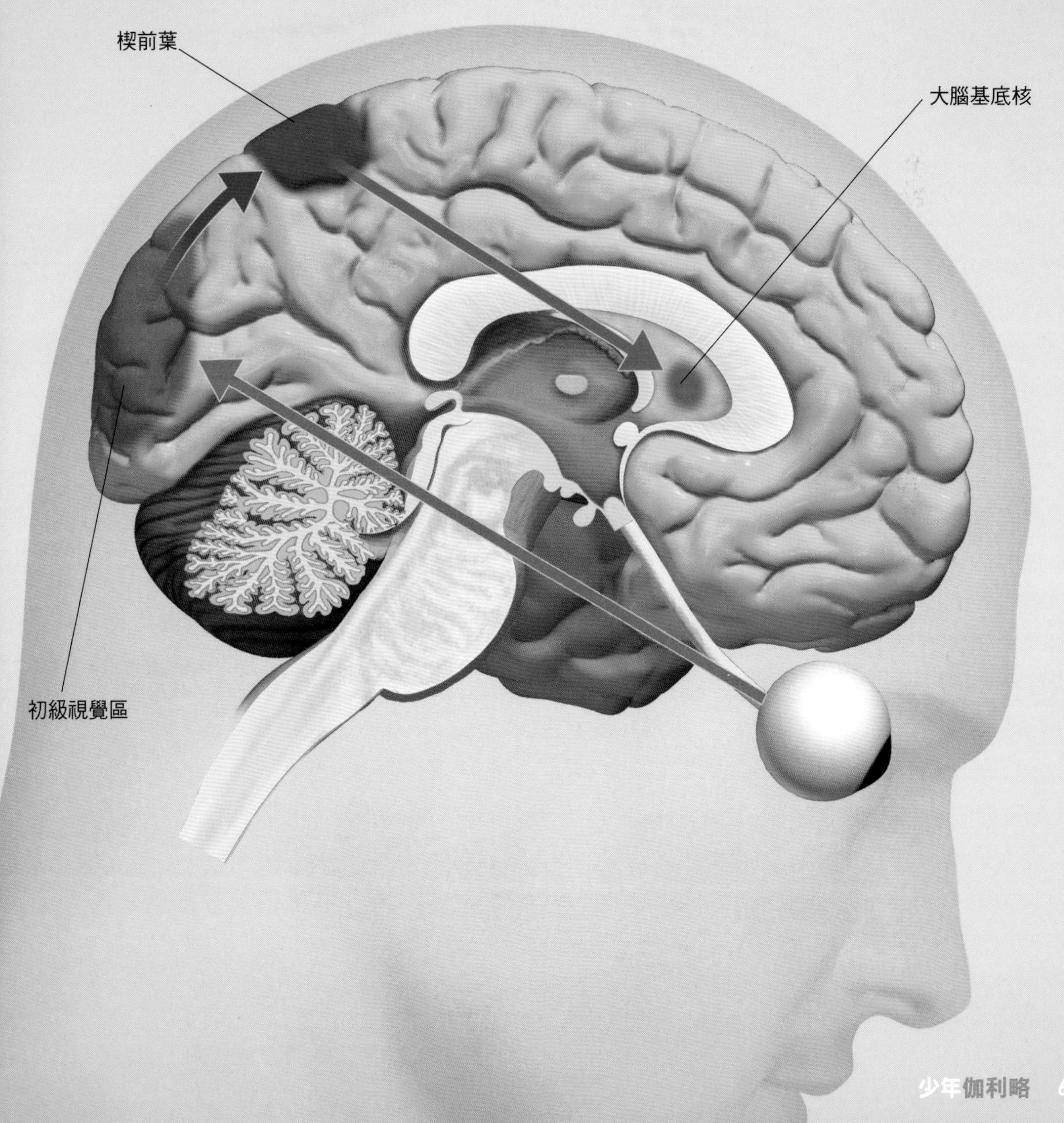

天才腦的秘密

直覺是由演化上相對古老的腦所產生

產生下一步棋的兩條必要途徑

大腦基底核位於大腦皮質內部。大腦皮質會將資訊傳送到大腦基底核，大腦基底核再篩選出部分資訊送回大腦皮質。

與大腦皮質相比，大腦基底核是演化上相對古老的結構。大腦基底核中與直覺關係較密切的是「尾狀核」（caudate nucleus），為掌管本能反應且能夠迅速反應的部位。

在決定將棋下一步要怎麼走時，尾狀核會先從大腦皮質匯集各種棋步的必要資訊，接著讓這些資訊在大腦基底核內來回傳送。只有由大腦基底核再傳送到大腦皮質的棋步，才會顯現在表面意識上。

不論是職業棋士還是業餘棋士，他們在思考下一步棋要怎麼走的時候，都會利用到各區域的大腦皮質，因此所有人一開始都是靠大腦皮質決定怎麼走。不過經過訓練後，司掌這項工作的區域可能會由演化上「較新的腦」── 大腦皮質，轉移到「較古老的腦」── 楔前葉、大腦基底核這條途徑。

大腦基底核的反應，為無意識、反應速度也很快的直覺途徑

職業棋士的大腦皮質內，有許多與將棋有關的記憶。這些記憶會進入尾狀核，然後在大腦基底核內巡行，但過程中不會傳出任何訊號（右頁上圖）。不過，最終會傳送一個訊號給大腦皮質（右頁下圖）。這就是所謂的直覺，也就是下一步棋。

大腦基底核在腦內的位置
（右頁腦剖面圖的剖面位置）

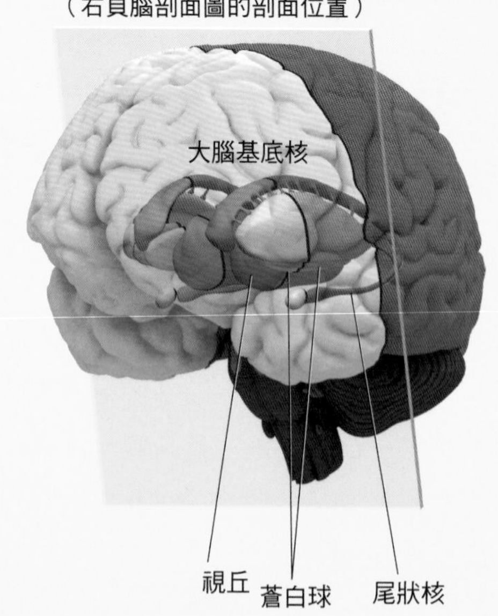

1 在下一步棋浮現之前

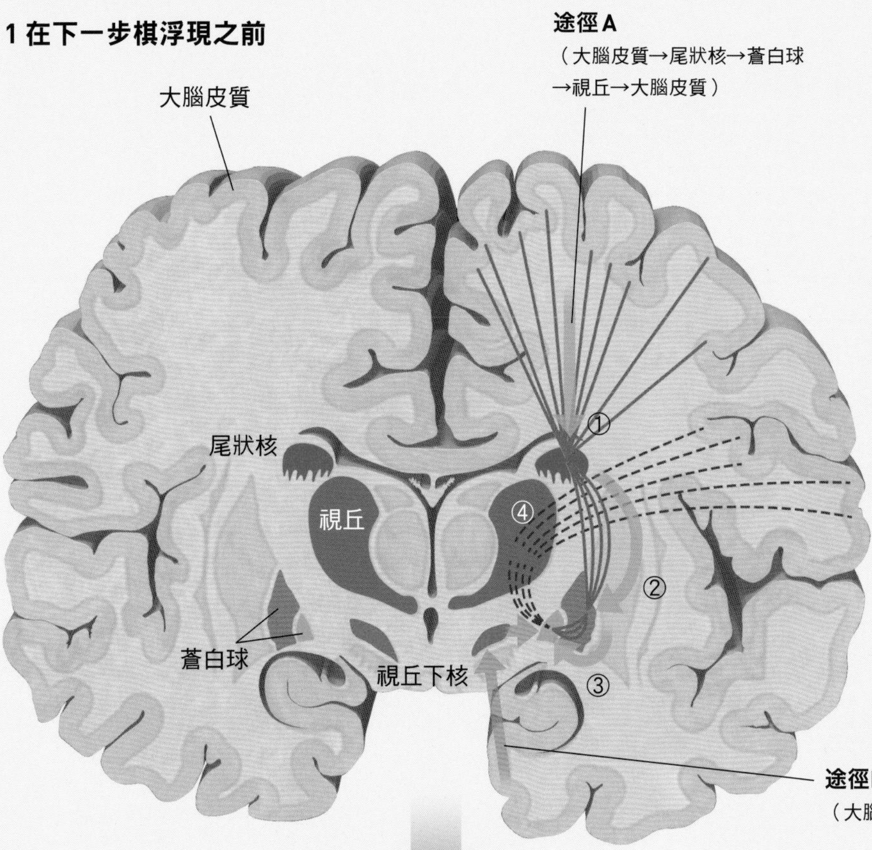

「下一步」棋的資訊，會經由途徑A傳送。看到盤面時會刺激大腦皮質活化，促使途徑B活化。途徑B的神經細胞會暫時抑制途徑A的④，不管此時大腦基底核認為下一步該怎麼走，這項資訊都無法傳送到大腦皮質。

2 下一步棋浮現的瞬間

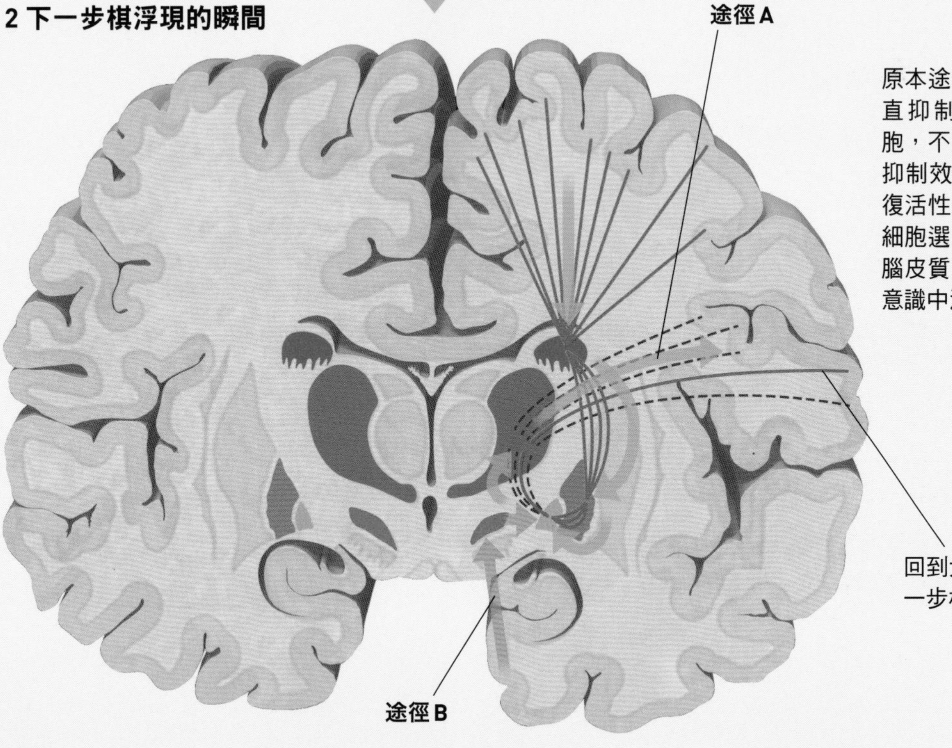

原本途徑B的神經細胞一直抑制途徑A的神經細胞，不過在一段時間後，抑制效果消失，途徑A恢復活性，使途徑A的神經細胞選出的棋步再進入大腦皮質，以直覺的形式從意識中浮現出來。

天才腦的秘密

直覺運作時，小腦也扮演一定的角色

常用記憶的保存場所會從大腦皮質移至小腦

除了大腦基底核之外，小腦也是產生直覺的地方之一。

小腦位於大腦下後方，與學習運動方式有關。學會騎腳踏車之後，即使不用多想，也能維持平衡，因為小腦已經學會「騎腳踏車」了。在「自然而然地學會」、「需要一定期間的訓練」這兩點上，小腦的學習與直覺很相似。

小腦產生的反應不會浮現到表面意

1 將大腦皮質的將棋記憶化為「內部模型」，保存在小腦內

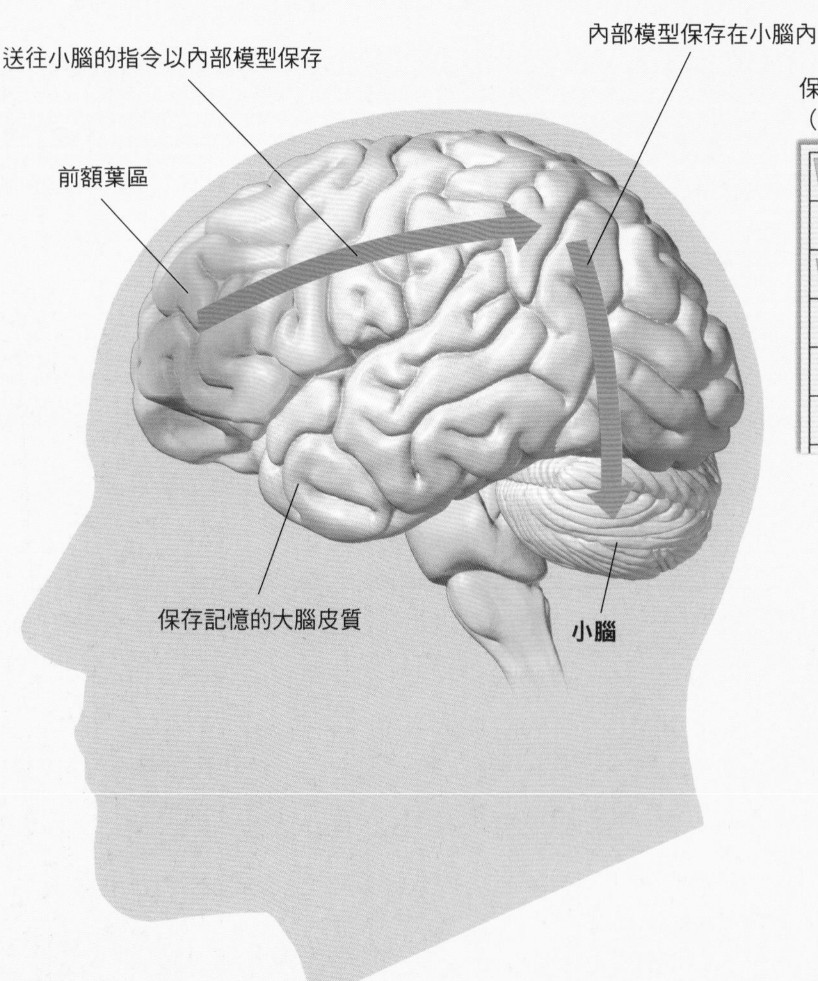

保存在大腦皮質的將棋戰略
（知識、經驗）

將記憶保存在
小腦內

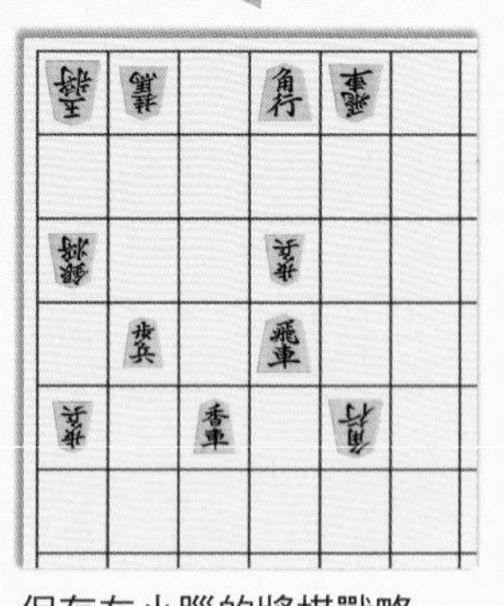

保存在小腦的將棋戰略
（內部模型）

識上，這個性質與直覺類似，因此有人提出了以下的「小腦假說」。

平常我們會把經驗的記憶存放在大腦皮質，而前額葉區會參考這些記憶，進行分析、判斷等衍生思考。這樣的思考在大腦內進行多次後，小腦會將大腦皮質的記憶整合成能讓前額葉區在無意識下做出分析、判斷的形式（內部模型），保存在小腦內。如此一來，前額葉區使用的就不只是大腦皮質的記憶，也包括了保存在小腦的內部模型。使用保存在小腦的內部模型時，與使用大腦基底核的記憶一樣，能讓我們在無意識產生迅速的反應，這或許和直覺有關。

2 小腦的「內部模型」使前額葉區能在無意識下進行判斷、分析

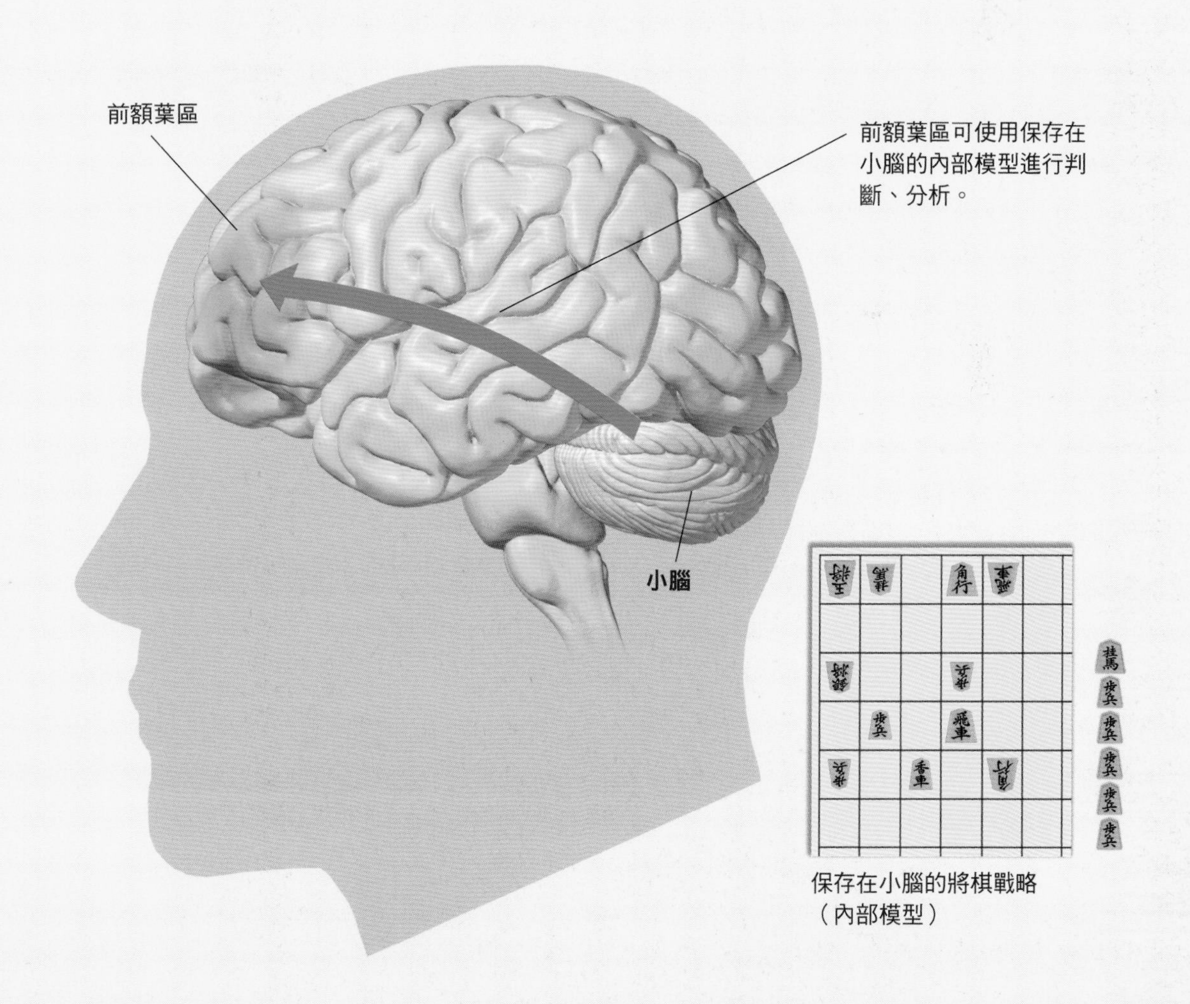

保存在小腦的將棋戰略（內部模型）

Column

Coffee Break

學者的腦會比較大嗎？

以MRI裝置獲得腦部影像，再以分析腦部結構變化的方法，稱為「體素形態計量學」（Voxel Based Morphometry，VBM）。這是由倫敦大學神經學研究所的研究團隊所開發，也是第28～31頁中用來分析猴腦變化的方法。

許多報告都使用這種分析技術來研究各種腦部的結構差異。舉例來說，海馬迴與空間（地圖）記憶的形成有關。因此有人用這種方法研究熟悉倫敦街道的計程車司機和一般人之間的海馬迴差異。

另外，「額葉」與注意力、思考能力等複雜功能有關，某些研究就發現數學家的額葉比一般人還要大。就如同58～59頁的介紹，愛因斯坦部分額葉的表面積也比一般人來得大。目前仍不曉得腦部在學習的具體變化，但可以確定的是，跟以前的思考方式相比，動態改變其結構的頻率已超出預期。

倫敦的計程車

$$\sin x = \sin n\theta = \frac{(\cos\theta + i\sin\theta)^n - (\cos\theta - i\sin\theta)^n}{2i} = \frac{(1 + ix/n)^n - (1 - ix/n)^n}{2i} = \frac{e^{ix} - e^{-ix}}{2i}$$

數學家

學者症候群患者的驚人能力

在各種領域發揮潛能的「學者」

自閉症患者有10～25%是稱為「學者」的特異功能者

所謂的「學者」（savant）是異於常人的病患。有研究指出自閉症患者（因先天性腦功能障礙而產生溝通障礙的人）中約有10～25%為學者症候群。**這些人的整體能力不如常人，卻擁有遠勝一般人的驚人能力**。

學者症候群患者常能在音樂、美術、數學等各種特定領域發揮驚人能力。比方說在音樂領域，可以在

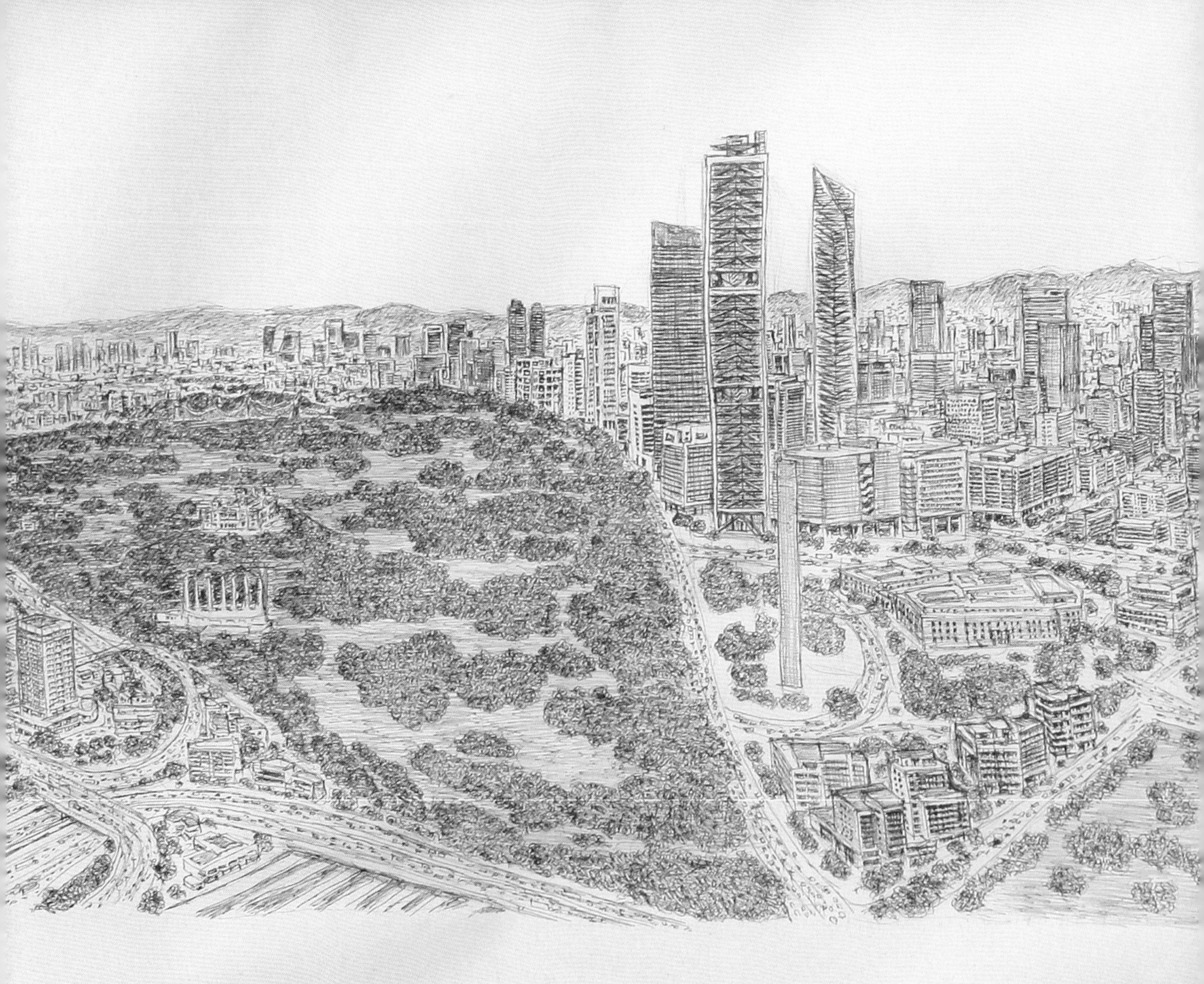

完全沒有學過鋼琴的狀態下，只聽一遍就彈出旋律，甚至創作樂曲。

除了這些能力之外，幾乎所有學者症候群患者都有驚人的記憶力，可以記住地圖、歷史記事、電車或公車時刻表、整本書的內容等龐大資訊。有些人除了過人的記憶力之外，也能發揮驚人的藝術才華。

學者症候群的患者中，最常見的能力是日曆日期的計算能力。他們可以立刻算出過去或未來的某一天是星期幾。

畫出只看過一遍的風景

照片為英國畫家威爾特希爾（Stephen Wiltshire，1974～）在搭直升機鳥瞰墨西哥城後，依記憶畫出來的樣子。他在 3 歲時診斷出自閉症，5 歲時進入特殊教育學校，顯露出繪畫才華。他將各都市的景觀繪製成精緻的作品，吸引世人的目光。2005年時，他憑記憶畫出了長10公尺的東京全景圖。

學者症候群患者的驚人能力

學者症候群患者的能力源自於左腦？

由右腦來補足左腦的功能障礙

學者症候群患者之所以具有特殊的能力，有人認為是由遺傳因素造成，使他們只對狹小範圍內的事物出現異於常人的興趣，可以將無止盡的專注力放在某件事上。他們的能力可能源於右腦為彌補左腦的功能障礙所表現出來的現象。

學者症候群患者的左腦有明顯的功能障礙。而左腦與語言、符號等抽象性思考有關，因此學者症候群患者在邏輯思考、理解抽象語言的意義上，常有一定的困難。

另一方面，右腦被認為與掌握旋律的能力、空間認知能力、靈機一動的想法等有比較大的關聯。學者症候群患者常在音樂、美術等領域有特出表現，因此有人認為，這些患者大多是因為左腦有功能障礙，使右腦為了彌補左腦功能而發達起來，才會出現學者症候群。

左右半球的大腦皮質功能各有不同

右圖中的大腦皮質覆蓋了大腦表面，可以分成四區。大腦前方為額葉（紅色部分），上方為頂葉（綠色部分），下方為顳葉（橙色部分），後方的枕葉（藍色部分）。每個區域還可以再分成更細的子區域，分別具有不同的功能。

大腦正上方俯瞰示意圖

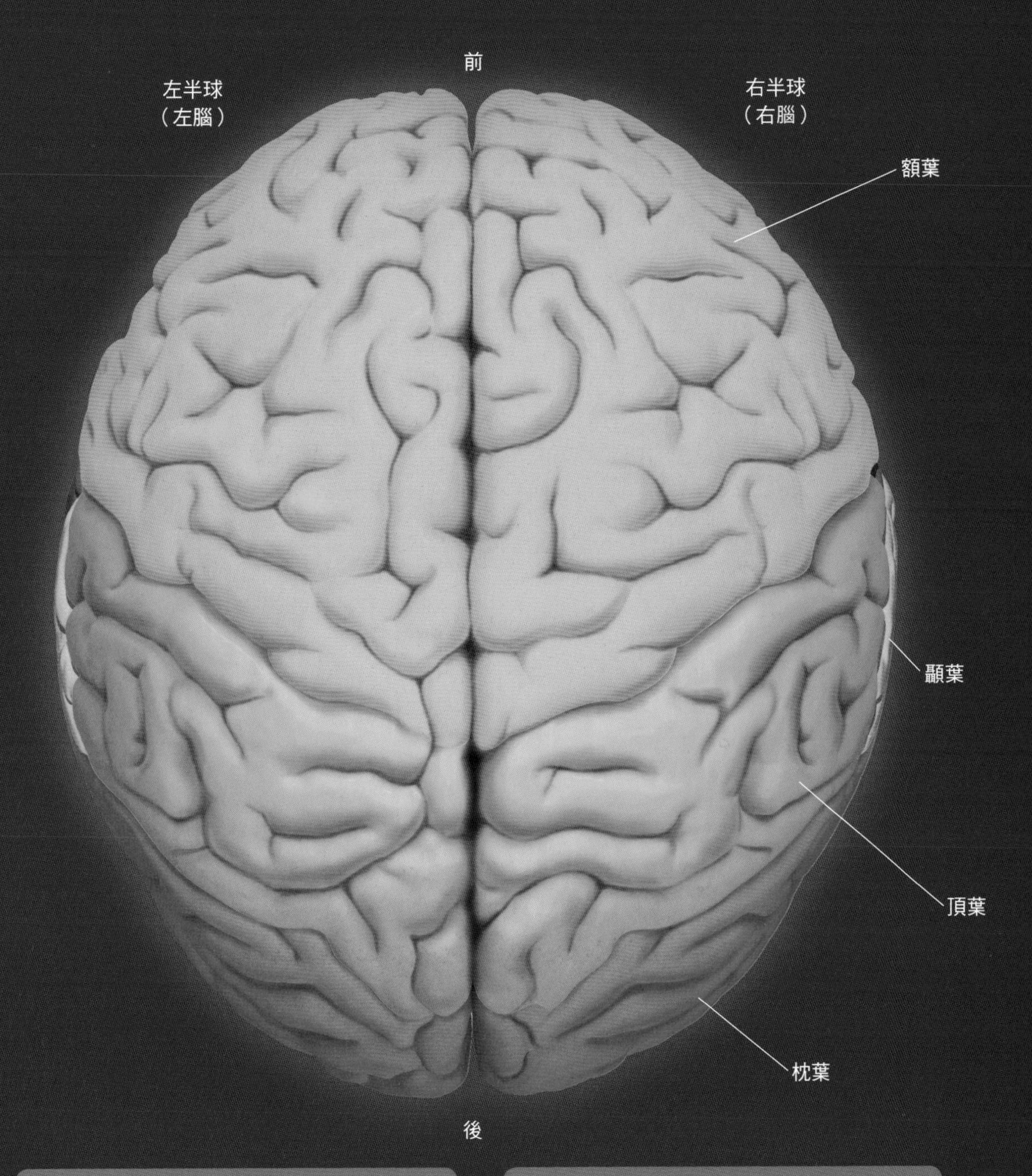

就多數人而言，
與左腦較有關聯的能力

- 說話、書寫等語言能力
- 理解繪畫、文章涵義的理解力
- 計算能力
- 有秩序的邏輯思考
- 抽象思考

就多數人而言，
與右腦較有關聯的能力

- 理解他人表情、姿勢、聲音抑揚頓挫、旋律的能力
- 掌握整體視覺資訊的能力
- 空間認知能力
- 靈機一動的思考能力
- 對個別具體事物的思考

學者症候群患者的驚人能力

一般的記憶會分散保存在大腦皮質

回想起記憶時，會同時想起相關的情緒及想法

如前所述，我們將個人的知覺經驗（情節記憶）、知識（語意記憶）轉換成長期記憶時，這些資訊會保存在大腦皮質。回想起這些記憶時，也會一同想起相關的情緒、想法，並聯想到其他相關記憶。

舉例來說，在烤肉時看到的食物外觀和味道等平時體驗到的資訊，會透過眼、耳、皮膚、口等感覺器官，傳送到大腦皮質。每種感覺資訊在大腦

保存語意記憶的大腦皮質

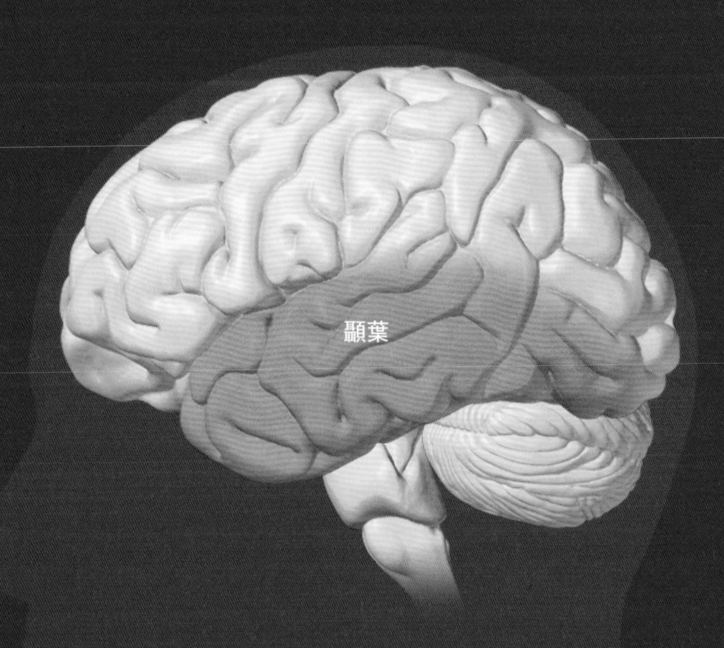

單字意義、歷史事實等一般知識，會保存在大腦皮質的「顳葉」。

皮質內都有專門負責接收的區域（插圖中的綠色區域）。送到這裡的資訊會先進入腦內器官「海馬迴」（插圖中的黃色箭頭），處理成能夠長期記憶的形式，再送回大腦皮質的對應感覺區域保存（插圖中的白色箭頭）。

另外，「杏仁核」可以依照發生的事件，製造出各樣的情緒。情緒與感覺資訊一樣，會先從杏仁核送到海馬迴處理，再回到杏仁核。不過在此時，就會與儲存在大腦皮質的感覺記憶產生關聯。所以回想記憶時，原本分散的感覺資訊與情緒資訊會一起回想起來。不過學者症候群患者可能使用與一般人不同的記憶系統，才得以保存各種知識。

保存情節記憶的大腦皮質

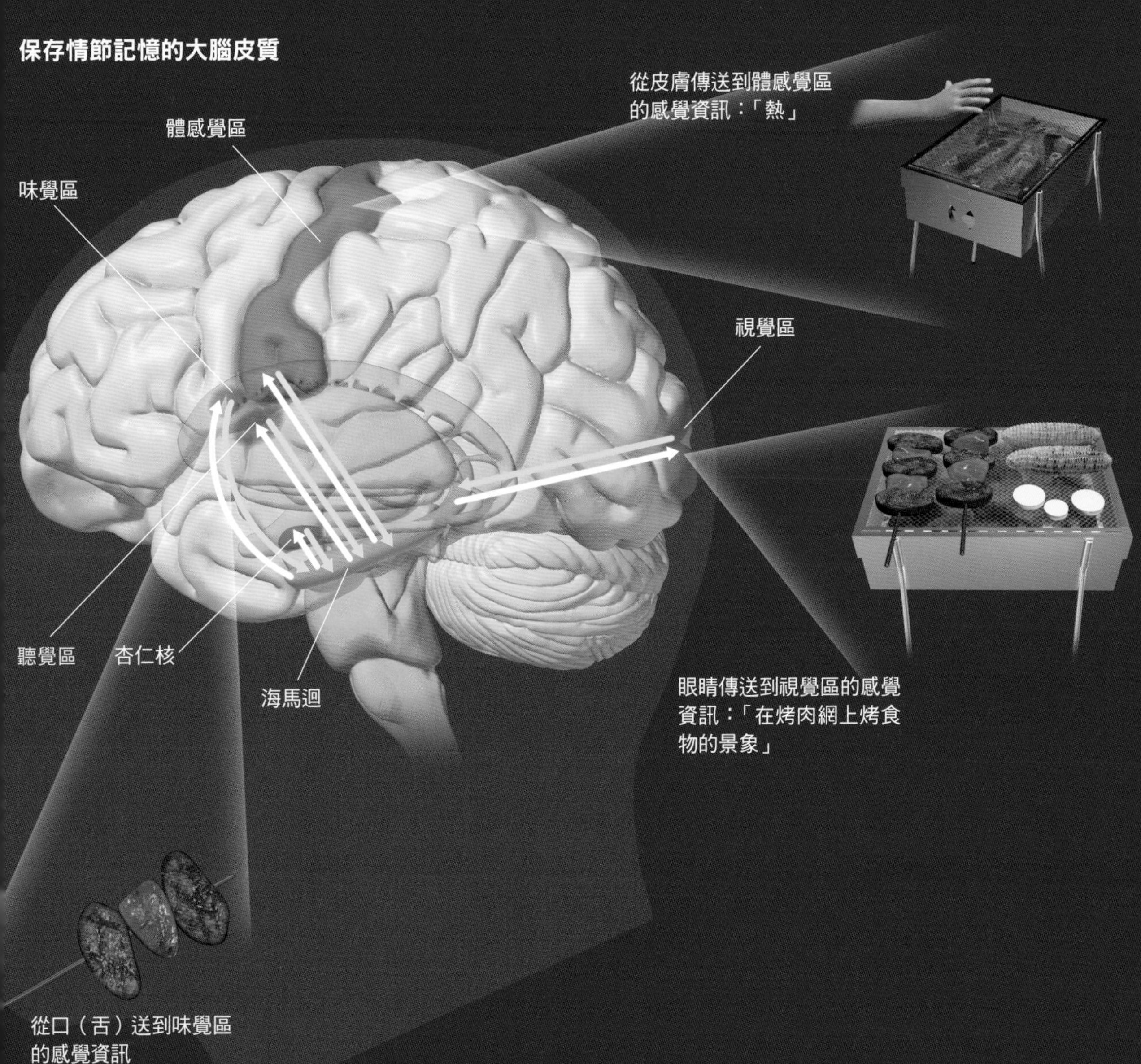

學者症候群患者的驚人能力

學者症候群的記憶是保存在哪裡呢？

大腦基底核或許扮演了重要的角色

學者症候群患者的特殊記憶力，被認為與腦內部的「大腦基底核」有密切關聯。

一般人會用這個區域來保存程序記憶，也就是無意識的運動方式、習慣。這和學者症候群患者表現出「與感情、思考、聯想無關，極端偏向機械化的記憶」相當接近。

因此有說法認為，學者症候群患者的情節記憶、語意記憶形成途徑可能有某些異常，而為了彌補該異常，負責程序記憶的路徑就相對發達，並成為患者主要的記憶形成途徑。

大腦基底核保存的資訊，比大腦皮質保存的資訊還要難以忘記，這可能也說明為什麼學者症候群擁有異於常人的記憶力。前面提到發達的右腦或許彌補了有功能障礙的左腦，類似的情況可能也發生在記憶途徑上。

學者症候群的記憶是保存在「無意識的迴路」嗎？

像樂器演奏、運動方式、習慣這類無意識的動作（程序記憶），會保存在大腦基底核。大腦基底核位於大腦皮質內側，在人類演化的過程中，基底核並沒有像皮質一樣發達起來，在演化上屬於比較古老的部位。或許學者症候群患者會無意識地將各式各樣的資訊保存在大腦基底核這個「貯藏庫」裡。

保存程序記憶的大腦基底核

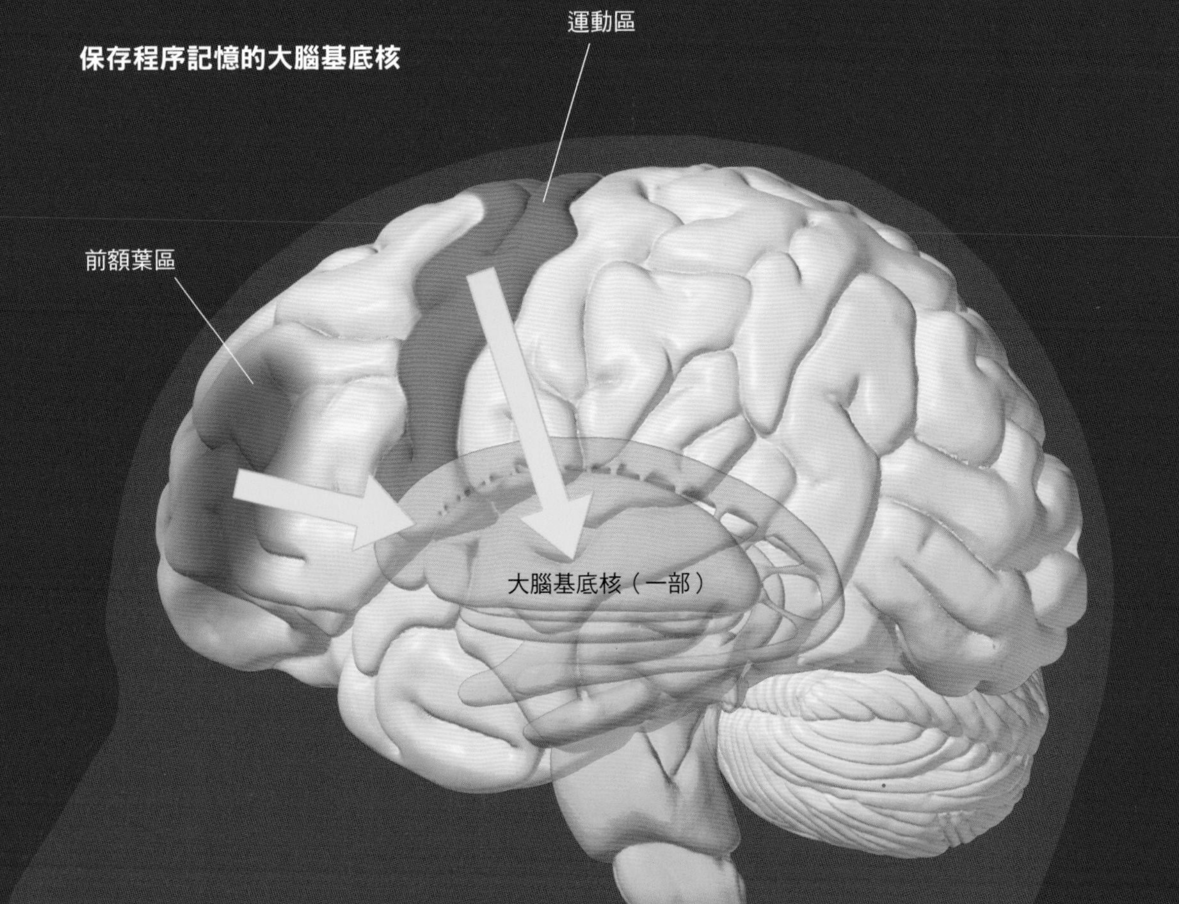

運動方式、習慣等無意識的記憶，會由演化史上相對古老、位於腦內深處的迴路保存

程序記憶會將無意識的行為記錄下來，且不容易忘記。習慣的記憶會從大腦的前額葉區送到大腦基底核保存。

學者症候群患者的驚人能力

可以用人工方式暫時提高腦的能力嗎？

刺激右腦並抑制左腦活動時可提升答對率

藉由電流改變腦部表面神經細胞運作的方法，稱為「跨顱直流電刺激」（transcranial direct current stimulation）。在頭部特定區域配置電極，在皮膚表面通以微弱的電流，可以促進位於負極下方的神經細胞活動，並抑制正極下方的神經細胞活動。有研究人員以這種方式，對60名慣用手相同的人進行了以下的實驗。

問題

以下是以火柴棒排列而成的羅馬數字計算式，
請移動一根火柴棒，改成正確的計算式。

答案

1. III = IX − I（3 9 1）→ III = IV − I（3 4 1）

2. VI = VI + VI（6 6 6）→ ?

3. IX = VI − III（9 6 3）→ ?

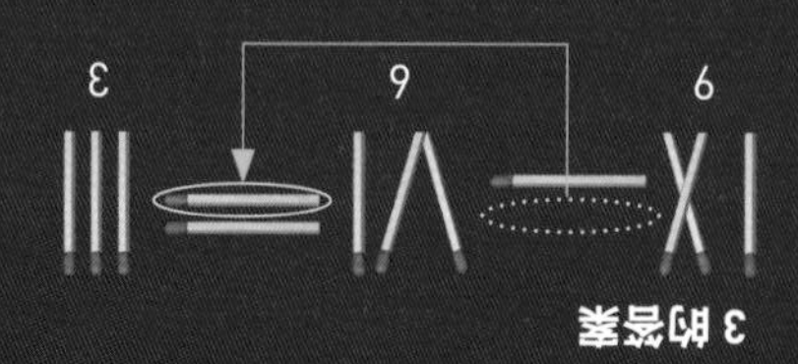

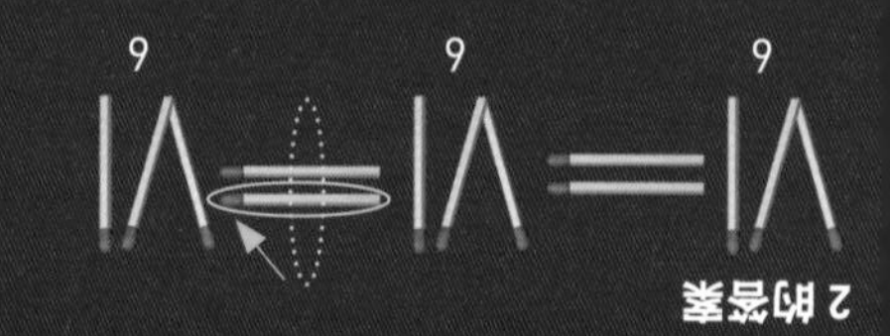

實驗將受試者分成抑制左腦活動並促進右腦活動的組別（①）、抑制右腦活動並促進左腦活動的組別（②），以及只有在最初極短時間內給予刺激，隨後馬上停止刺激，也就是給予偽刺激的組別（③），然後請他們嘗試回答如左頁下方的「益智問題」。實驗結果發現，抑制左腦並促進右腦活動的組別，答對率高達60%。但另外兩個組別只有20%。

由這個實驗可以看出，若能以人工方式改變左右腦的運作平衡，說不定也能讓普通人產生如學者症候群患者般的非凡能力。

※以人工方式改變腦部運作方式會有道德倫理等問題，有不少研究人員反對這樣的做法。

可以用人工方式暫時提高能力嗎？

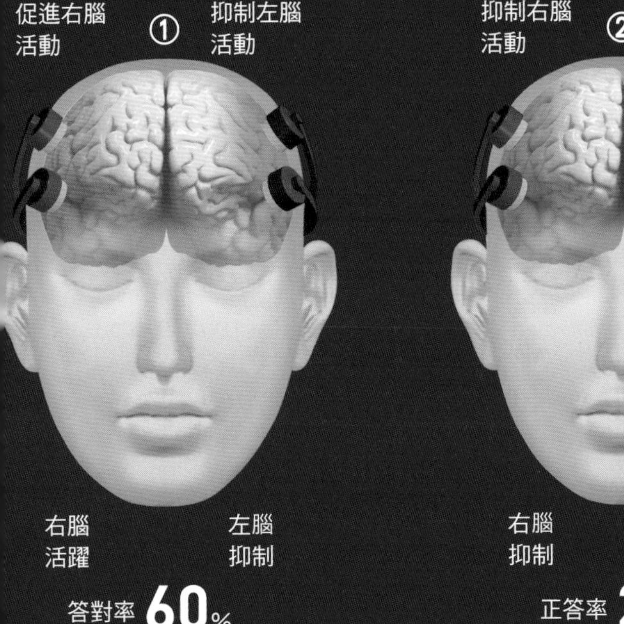

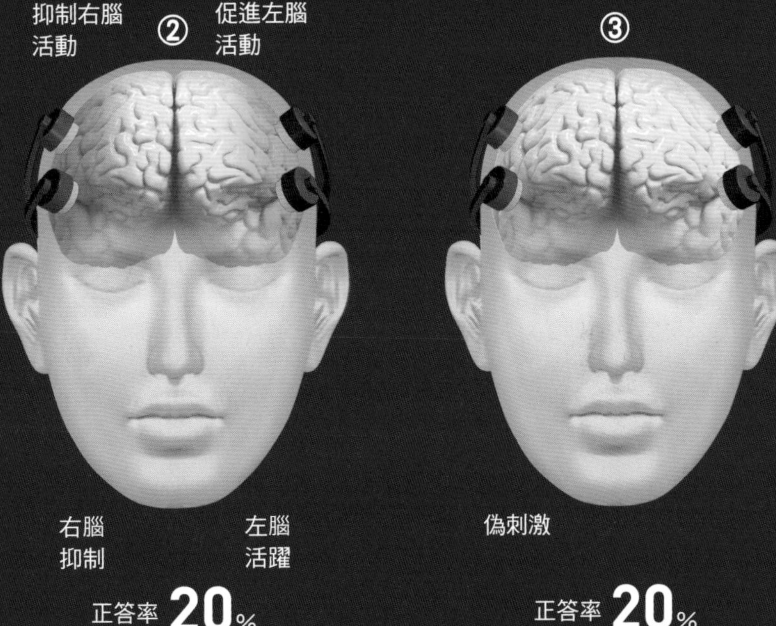

「左腦：抑制，右腦：活躍」的情況下，答對率提升了

在健康受試者靠近左腦、右腦顳葉前方的皮膚貼上電極，通以電流，可改變靠近腦部表面的神經細胞活動狀況。60名受試者中，20名受試者接受抑制左腦活動，並促進右腦活動的刺激（①），20受試者接受抑制右腦活動，並促進左腦活的刺激（②），20受試者接受偽刺激（③）。接受這些刺激之後，會要求受試者回答火柴棒的數學式問題。

實驗結果發現，組別②與③的答對率皆為20%，①的答對率卻是其他兩組的三倍，為60%。以電流抑制左腦活動並促進右腦活動，或許能讓腦部產生暫時的變化，使我們不被傳統想法侷限，出現創新的想法。

這本《腦的運作機制》就此告一段落，大家應該已經明瞭腦中密布著與銀河系的恆星數量相仿的神經細胞，並形成一個緻密的網路系統。人類之所以能夠發展成具有智慧的生物，最根本的原因就是來自於「腦」這個龐大的網路系統。

本書囊括了隨著成長而變化的腦部結構、記憶的機制、資訊處理的方法、腦和意識的關聯、天才腦的組成、「學者症候群」的特異才能等等饒富趣味的話題。

期許各位能以此書為契機，繼續探索更複雜、高深的腦科學世界，可參考人人伽利略23《圖解腦科學：解析腦的運作機制與相關疾病》。

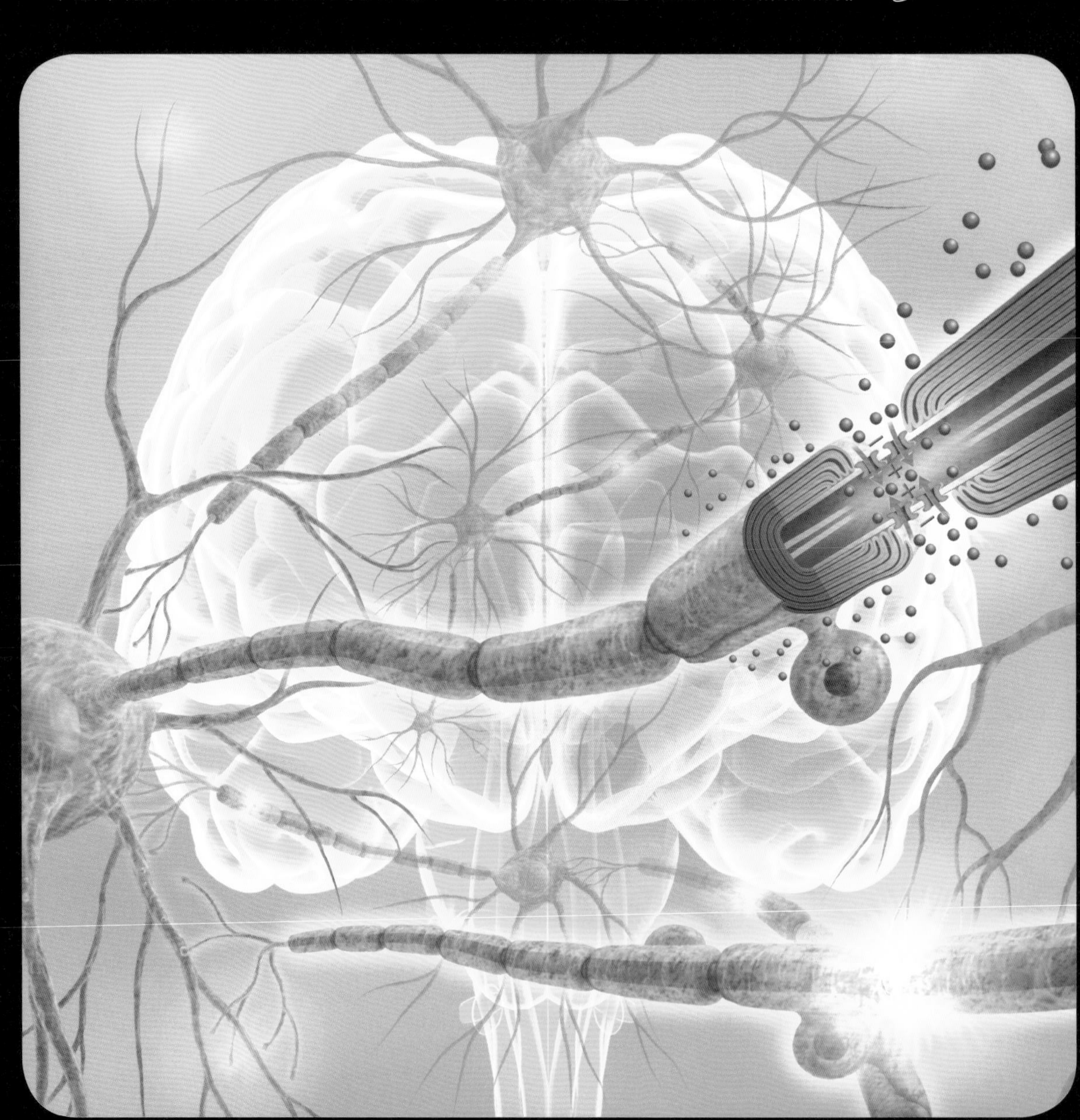

【少年伽利略 14】

腦的運作機制

腦如何使我們記憶、思考？

作者／日本Newton Press
編輯顧問／吳家恆
特約主編／王原賢
翻譯／許懷文
編輯／林庭安
商標設計／吉松薛爾
發行人／周元白
出版者／人人出版股份有限公司
地址／231028 新北市新店區寶橋路235巷6弄6號7樓
電話／(02) 2918-3366 (代表號)
傳真／(02) 2914-0000
網址／www.jjp.com.tw
郵政劃撥帳號／16402311 人人出版股份有限公司
製版印刷／長城製版印刷股份有限公司
電話／(02) 2918-3366 (代表號)
經銷商／聯合發行股份有限公司
電話／(02) 2917-8022
第一版第一刷／2021年11月
定價／新台幣250元
港幣83元

國家圖書館出版品預行編目（CIP）資料

腦的運作機制：腦如何使我們記憶、思考？
日本Newton Press作；
許懷文翻譯. -- 第一版. --
新北市：人人出版股份有限公司, 2021.11
面； 公分. —（少年伽利略；14）
ISBN 978-986-461-265-9（平裝）
1.腦部 2.科學

394.911 110016716

Staff

Editorial Management 木村直之
Design Format 米倉英弘＋川口 匠（細山田デザイン事務所）
Editorial Staff 上月隆志，谷合 稔

Photograph

58～59 OHA 184.06 Harvey Collection. Otis Historical Archives, National Museum of Health and Medicine.
68～69 Agencia EFE/ アフロ

Illustration

Cover Design 宮川愛理
2～3 Newton Press
4～9 黒田清桐
10～25 Newton Press
26～27 小林 稔
28～67 Newton Press
70～77 Newton Press